# 越慢越美，越静越暖

## 慢一点，静一点，才能发现幸福的全部细节

连山 编著

中国华侨出版社
·北京·

越是放松地面对所在乎的事物,
我们就越能游刃有余地去把握;
反之,越在乎,越紧张,
情况只会越糟糕。

越慢越美,
越静越暖

烦恼来自执着,
来自追求,
来自对尘世的这种
执着的追求。
其实烦恼可以像写
在沙滩上的字,
海水一冲就流走了。

YUEMAN
YUEMEI,
YUEJING
YUENUAN

越慢越美,
越静越暖

爱,

无论是获得,

还是付出,都是一种享受。

为爱付出,在生活的点点滴滴中用心投入。

忙里偷闲，
对忙碌的生活是一味绝妙的
调味剂，
寻找轻松和快乐，享受人生的
怡然自得。

YUEMAN
YUEMEI,
YUEJING
YUENUAN

越慢越美,
越静越暖

有一种美好,

因为已然逝去而弥足珍贵,

因为怀念而难忘。

循着曾经的足迹,

寻找回忆的斑点,

在心里久久珍藏。

快乐就在你的身边，

需要你有双聪慧的眼睛去找寻，

为你的生活收集更多的乐趣。

没事偷着乐也是一种幸福。

YUEMAN
YUEMEI,
YUEJING
YUENUAN

# 前言
PREFACE

幸福是什么？幸福不是你有什么样的工作，而是你工作时的心情；幸福不是你有多大的房子，而是房子里的笑声多甜；幸福不是你有多少钱，而是你的身体有多健康……你真的幸福吗？只有你自己知道。

在人生的道路上，总会有些许不如意，有许多事情是我们所难以预料的。我们不能控制际遇，却可以掌握自己；我们无法预知未来，却可以把握现在；我们左右不了环境，却可以调整心情。放慢脚步，静下心来，平淡地看待虚浮的名利，理智地抛掉莫名的烦恼，巧妙地解除心灵的羁绊；换一种活法，全力以赴，让生活变得精致。只要你细心地发现和用心地体会，你就会成为一个幸福的人。

本书讲述了如何做真正的自己、如何把日子过成自己想要的样子、如何以自己喜欢的方式过一生，从而帮助读者提升精神境界和品性修养。让我们超越悲观，乐观地生活，发现幸福的细节。这趟幸福之旅，是一次对美好生活的追寻，更是一场心灵的洗礼。

也许，放慢脚步，就会发现幸福，幸福就在你的心里，你只是太过匆忙没发现。也许，保持宁静的心态，就能感受到幸福，幸福就在你身边，原来幸福从未远离。轻松做人是一种境界，一种处世智慧；快乐生活是一种修为，一种生存艺术。心灵为名利所役，终日患得患失，你会错过多少美好的风景！

饭前茶后，睡前晨起，当你阅读本书的时候，你也许会在淡淡的哲思中获得感悟，发现创造幸福快乐的人生并没有什么不可逾越的困难。一个甜美的微笑，一句真诚的鼓励，一份真心的关爱，这些点点滴滴的小事，这些生活中的细节，都是幸福的。幸福其实是一种心情、一种滋味、一种感觉，更是一种满足。专注于每一个当下，以平静的心去对待身边的人和事，幸福的生活，每个人都可以拥有。

# 目录
CONTENTS

### 第一章 把日子过成诗
向月儿许个美丽的心愿 / 2
拥抱自然,收获快乐 / 3
心里开满繁花,明天更加璀璨 / 4
遇见另外一个自己 / 5
在寂静中调正身形 / 8
闲情一点儿也不奢侈 / 9
送自己一份好心情 / 10
美好的一天开始了 / 12
给平淡的生活加点调料 / 13
爱自己,爱生活 / 15
有快乐的心情,才有美好的事情 / 16
见证绮丽的风光,觅得内心的坦然 / 17
寻求心理的宽慰 / 19
保持一颗童心 / 21

## 第二章 世界如此美好,值得全力以赴

世界如此美好,值得全力以赴 / 24

微笑的种子,开花了 / 26

寻得所爱,为之守望 / 27

你的心里也会流转风光 / 29

即便人生如戏,也要演好自己 / 30

于你是不经意,于人是满怀感激 / 32

真心的陪伴,莫大的欣喜 / 33

珍惜生活赠予的礼物 / 35

回头看一下来时的路 / 36

珍惜,是最好的回报 / 38

你有你的节奏 / 39

让快乐成为习惯 / 41

传递你的爱心 / 43

## 第三章 静享一丝一缕的阳光

等待也是快乐 / 46

跟自己谈心,最是平静快乐 / 48

你没必要活得那么紧张 / 50

在思想的海洋里遨游 / 51

透过逆光中的影子,看见飞翔 / 53

给自己藏点儿小幸福 / 54

兴之所至地活，才算精彩 / 56

过程是怡人的风景 / 57

沉醉在音乐的海洋里 / 59

心若放下，云淡风轻 / 61

还好有你的陪伴，你的聆听 / 62

采撷身边的快乐 / 63

给疲倦的身体放个假 / 66

在蓝天白云间翱翔 / 69

## 第四章 每一天都是新的，对自己好一点儿

勇敢面对，跨过去就是远方 / 72

一笑而过，不苛求感激 / 73

没有到达不了的明天 / 75

其实你也可以的 / 76

自在事，自由人 / 78

退一步海阔天空 / 79

爱不必深藏 / 80

无所羁绊，尽情狂欢 / 81

如果还能去追，就该不抱怨地前行 / 83

成为你想要的光 / 84

不要忘记自己想要的幸福 / 86

交换了位置，也就换了眼光 / 87

原来花儿会对你笑 / 88

## 第五章 不纠结过去，不忧心未来

把烦恼写在沙滩上 / 92

对挫折一笑了之 / 94

伴你一生的是心情 / 95

没有过度的期望，便没有没完的失望 / 98

别把时间浪费在无意义的事上 / 99

生活不需要附加的装饰 / 100

断了束缚的绳，才能自由飞翔 / 101

别和往事过不去，因为它已经过去 / 103

动之以情，晓之以理 / 104

人生总有一段弯路要走 / 106

那些细小的声音，宛若生命的救赎 / 108

曾经吃过的苦，会成为未来的路 / 109

不要将友谊丢弃在被遗忘的角落 / 111

## 第六章 没有不快乐的事,只有不快乐的心

善意的,好心的 / 114

微笑是世界上最好的东西 / 115

于匆忙中转身回望 / 116

设身处地为人,将心比心待人 / 117

用真心化解,用爱心面对 / 118

每一个人都有自己的芳香 / 120

梦想有多美好,未来就有多美妙 / 121

不完美,才美 / 123

漆黑的夜空总有闪亮的星 / 124

我们都被这个世界温柔地爱着 / 126

在该绽放的时刻尽情怒放 / 127

见证美好的爱情 / 129

## 第七章 世上千寒,心中永暖

爱是用心,不敷衍 / 134

爱是贴心的暖 / 135

不在乎别人,做自己想做的 / 136

那触手可及的幸福 / 138

播下一颗爱的种子 / 139

爱心点点,汇聚成河 / 140

亲善产生幸福 / 141

成全别人的快乐和幸福 / 144

常怀一颗感恩的心 / 145

努力为爱付出 / 147

感恩生活，感恩一切 / 148

为他人点一盏灯，也会照亮自己 / 150

真正的友谊，是舍得付出 / 152

慢慢品味，静静享受 / 153

买一份快乐给自己 / 155

化身快乐的天使 / 156

## 第八章 做一个刚刚好的自己

总有一些东西，教我们活得更好 / 160

比别人坚持久一点 / 162

趁一切还来得及 / 163

我们无法把控环境，但可以把控自己 / 164

用眼寻觅，用心感知 / 166

爱情需要悉心呵护 / 167

忏悔，求得心灵的平静 / 169

行走在飘满笑声的世界里 / 170

给心找个栖息的地方 / 171

路要自己去走，才能越走越宽 / 173

你就是那个幸运儿 / 175

你的付出，就是你的生活 / 176

为自己的心灵解锁 / 178

将一切都归位 / 180

爱在每一个角落 / 182

## 第九章 人生最大的幸福，是有时间做自己想做的事

偷得浮生一日闲 / 184

随你的心，任你的手 / 186

美味可以如此享受 / 187

多一次尝试，就多一次体验 / 189

青春同在，左右为伴 / 190

看夕阳西下，心中泛起浪花 / 193

找个机会圆梦 / 194

沉醉在秋的气息里 / 196

靠近你，温暖我 / 198

独乐乐不如众乐乐 / 200

放松紧绷的弦，偶尔宽纵一下 / 201

唱首歌给自己 / 203

尽情享受，用心体会 / 204

知道自己要去哪儿，全世界都会为你让路 / 206

享受一个人的自由 / 207

## 第十章 以自己喜欢的方式过一生

出发太久，别忘记目的地 / 212

人人都可摘得一颗星 / 213

感动你的不是别人，而是你自己 / 214

每一件物品都有自己的价值 / 216

为你的生活收集更多的乐趣 / 217

将零星的岁月串在一起 / 218

经过生活的洗礼，羽翼才能丰满 / 219

循着记忆的足迹，寻找逝去的美好 / 221

为心灵找一个更好的出口 / 222

给心灵洗个澡 / 223

倒空了，才能装进东西 / 225

成功只在你的岁月里，慢慢生出花 / 226

心中有绿洲，你才不会漫游 / 227

用自己的方法活出热情 / 230

生活因新奇而非凡 / 232

# 第一章 把日子过成诗

YUEMAN,
YUEMEI,
YUEJING,
YUENUAN

## 向月儿许个美丽的心愿

人生在世，总会有一些美丽的心愿，这是一种追求，也是一种寄托。如果你可以闭上眼睛，悄悄许个心愿，就会感觉有一种神奇的力量正架着梦想遥飞，岂不妙哉！

很多人盼望有一天能看到流星划过天际，然后双手合十，虔诚地对着流星默默许个心愿，据说那样许下的心愿很灵验。我们不知道流星什么时候会不期而至，但是月儿却常常挂在空中，对着月亮许愿其实也是一样的。我们只是需要一种寄托、一种带着点神秘色彩的精神力量，是星星或是月亮并不重要。

今夜皓月当空，不论是弯弯的月牙儿还是圆圆的月亮，都会在天上对着我们微笑，不如走到阳台上，对着月儿把心事轻轻诉说，月亮像一个善解人意的女神，仿佛在问你有什么心愿。

想想你有什么特别渴盼的事情，也许很多，但是不能贪心，一次只能许下一个心愿，所以想想什么是你最热切向往的。只要你心态摆正，虔诚热烈，并发誓为了理想而不懈努力，相信月亮女神一定会默默守护着你，赐予你无穷的精神力量，助你心想事成。

## 拥抱自然，收获快乐

明月、青松、清泉、顽石，都是大自然的精灵，感受自然，感受美好的心灵之音，你会拥有宽广的胸怀，坚强的意志，高洁的品质，不屈的精神，还会拥有一份最天然、最纯净的快乐。这是一个收获的季节，天高云淡，瓜果飘香。让我们去田园采摘，感受天然氧吧的新鲜空气，感受淳朴亲切的农家风情吧！

去田园采摘，最好叫上一帮人，自己有车的话最好，如果没有车，也可以大家一起包租一辆车，这样方便运送采摘到的水果。

走进采摘大棚，呼吸新鲜而带有乡土气息的空气，只见满眼的水果都展示着迷人的身姿，眼睛在色彩的变幻中得到了放松。在这儿，可以让你随意地采摘，但是要注意脚下，别到处乱踩，毁坏了农家的果地，所以，采摘归采摘，一定要注意保护好果园。当然，到这儿来，首先要一饱口福，你可以尽情地吃，但是别光顾着吃得高兴，小心吃坏了肚子，那样可就得不偿失了。

人多的话，就来一场采摘大赛吧。当然，采摘之前得有计划，你们准备采摘多少带回家，都有什么样的用途，比如馈赠给亲戚朋友等，就是不错的主意。

最重要的是，对于在喧嚣的城市里忙碌的人们，终于可以尽情沉浸在山山水水之中，自由畅快地呼吸了，这才是人生一大快事呢！所以，珍惜这次难得的与大自然亲密接触的机会，欢快地采摘吧！

## 心里开满繁花，明天更加璀璨

一个人若要改变这个世界，改变你所处的环境，必须从改变自己开始；一个人若要取得一件事情的胜利，战胜眼前的困难，必须战胜自己。人最大的敌人就是自己，人最大的胜利便是战胜自己。

年轻时候的我们总是满怀抱负,希望能有一片舞台、一方天地大展身手,能在这个世界的某些角落留下我们成功的印记,于是我们年轻的目光开始不停地搜索。

小时候,我们可能想当科学家,探究宇宙的奥妙,发明时光穿梭机;长大了,我们可能想为社会创造更多的财富,为国家争取更多的荣誉,为家人带来更多的幸福……

什么时候我们才能够顿悟?不如就从现在开始,从今天开始,我们认真做好身边的每一件事,尽量把我们的本职工作做得更出色,尽量让自己更宽容平和,尽量让自己的身体更健康,尽量让自己更快乐,尽量让自己更有自信,对明天充满更多的希望……

一年中的第一天,新的开始孕育着新的希望,早上起床,别忘了对自己说一句:"从我做起,做得更好!"

## 遇见另外一个自己

世上万物,都有自己的长处和短处。然而,生活中导致失败的原因,往往是当事者没有自知之明。惨痛的教训和沉重的代价,就是这样造成的。所以才有古训:"人贵有自知之明。"

有这样一个笑话：一天，蚂蚁看见一头大象走来，就悄悄地伸出一条腿。旁边的小动物不明白了，问它干什么？蚂蚁说："嘘——小声点！我要绊大象一个跟头！"

这个笑话就是告诫我们要有自知之明。做人不可强出头，不可妄自尊大，不可过高地估计自己的能力和力量，去做你根本吃不消、根本就不会的事情。因为这样做最终受到惩罚的将会是你自己。

要做到有自知之明，就需要我们常常进行自我批评，充分认识到自身的弱点。这样我们才能做到量力而行，并且在以后的学习中不断加强自身修养，克服自身弱点。

今天会是一个让你冷静思考的日子，那么，拿出三面"镜子"，认真照照，照出自身的弱点吧！

一面"镜子"照自身。人照镜，能从镜中领悟自身，动物照镜，则视镜中为异己，这是人与动物的根本区别之一。因为，人有自我意识，可以意识到自己的行为、思想、感情、愿望和利益。

一面"镜子"照他人。英国作家切斯特顿曾说过："你心里没有一面镜子，所以看不到旁人的观点。"孤芳自赏，难免陷入狭隘，甚至迷惘。认识他人，才能更好地认识自我。听取别人的观点，从善如流，弥补自身的局限。孔子曰："三人行，必有我师焉。"这是用好照他人之镜的最好典范。

一面"镜子"照社会。人是社会的产物，人与社会互动。社会的需要、社会的发展决定人的思想行为，人的能动作用推动社会进步，不存在离开社会的自我。从这个意义上说，不理解社会，就永远不能真正了解自我；认识社会越深刻，把握自我才越准确。

人生是一个过程，难还是易，平淡还是辉煌，取决于人生的选择、追求和创造，而这一切的前提，是要有自知之明。

知己者明，知人者智，知世者通。三面"镜子"缺一不可，照己、照人、照社会，有机结合才能准确给自己定位，确立人生的坐标。那么，今天早上起床，洗把脸，清醒一下，然后拿出这三面"镜子"，认认真真地从镜中寻找自身的弱点吧！

## 在寂静中调正身形

　　世界上有一个人,离你最近也最远;世界上有一个人,与你最亲也最疏。世界上有一个人,你常常想起,也最容易忘记——这个人就是你自己!

　　在这个纷繁忙碌的世界,每个人似乎都是行色匆匆,不曾停留片刻,静下心来寻找一下自己的影子。当我们拖着疲倦的身子,迈着沉重的步伐,走在回家的路上,仿佛迷失了什么。扪心自问,我们在追寻着什么,我们又得到了什么,而自己又处在茫茫宇宙中的哪一个位置?

　　是的,忙碌和疲惫已经几乎让我们迷失了自己,忘了自我的存在。朋友,如果你真的累了,倦了,就停下来,回头看看自己的影子,认认真真地审视一次自己吧!

　　问问自己,喜欢现在的生活方式吗?最想做的事情是什么?对什么职业最感兴趣?最近是不是有什么想学的东西?什么才是你最大的业余爱好?累了的时候最想以怎样的方式休息?孤单的时候会想起谁……

认认真真回答这些问题的过程,就是一个审视自己的过程,一次关心自己内心的过程。给自己这样一个机会,你会更懂得爱自己。

## 闲情一点儿也不奢侈

当我们全身心投入地去做一件事时,体会到的将是一种不同于以往的充盈的感觉。哪怕是去放松、去休闲、去娱乐,也不一定漫不经心才能彻底放下疲惫,认认真真去享受,是一种更高的境界。

休闲放松的方式有很多种,每个人都有自己喜欢的方式,但相信每个人都会或多或少地看过电影,对于某些人来说,看电影更是一种不可割舍的爱好。

当我们结束了一天或是一周的劳累,安安静静地坐在电影院里,欣赏和体味别人演绎出的一种人生时,欣赏之余,有时候也会引起内心的震动或是思考,我们的人生也许会因此而得到一种启迪。让我们反思自己,学会更好地生活。

这一切都需要我们认认真真地去体味,电影是一种艺术,凡夫俗子的我们,有时候也可以试着用艺术的眼光去品味电影。

艺术虽然高雅，但却很真实。懂得生活真谛的我们，也懂得艺术的真谛，认认真真看一场电影，对我们的精神和灵魂是一种难得的修炼。

疲惫的身心，仍保留几许热情，对生活的热情，对完善自我的热情，那么，就去看电影吧。认认真真地去看一场电影，既是休闲，也是修炼。

## 送自己一份好心情

鲜花，代表美丽，代表芳香，代表祝福，代表快乐和幸福。自己的心情自己来掌管，不要等别人来送，自己也可以送给自己一份好心情。

你有多久不曾为自己的生活抹上一些亮色了呢？每天急匆匆地走，急匆匆地来，被很多世俗的东西缠绕着，让我们忘记了这个世界还有很多值得留意的美丽。原本很容易被周围的人或事打动的我们，不知从什么时候开始变得非常麻木起来。

自己送自己一束鲜花吧，不是所有的美与感动都能由别人带给自己，自己也可以为自己寻找。送束鲜花给自己，为自己的生活增添点芬芳，增添点温馨，增添点向往，何乐而不为呢？

送给自己的鲜花，不必去讲求太多，你可以随意去天桥卖花人那里凭自己的喜好挑选。天桥卖的花也许不像花店买来的那样经过修剪，完全是花市批发出来的原始样子。其实这样更好，这一捧捧随意裹着的鲜花，如同自己乱乱的心情，如同似有似无碾过思绪。

回家后，自己将花一枝一枝精心修剪，再一枝一枝地插满一个花瓶，享受这过程中的美丽和快乐吧！

一枝枝灿烂的满天星、纯洁的百合、清雅的马蹄莲、温馨的康乃馨，插在曾布满尘埃的花瓶里，大自然生命的美丽向自己昭示：今天一定会有个好心情！

## 美好的一天开始了

每一种生活都有其独有的魅力,只是我们期望太高以致常常忽略了生活本身,忽略了它美丽的一面,忘了把它当作一件有趣的事情来做。你们家附近有没有山,如果没有,你恐怕要起个大早,才能赶得上去最近的山看日出。看日出,需要根据日出的时间,科学地安排好自己看日出的行程,过早或过迟赶到看日出的现场,都是不妥的。太早了,不但影响自己的休息,还会因山头的气温低而容易着凉;太迟了,就会错过看日出的良机。一般而言,为了充分领略日出前后的奇景异色,应在日出前 10~20 分钟赶到现场最为适宜。所以,事先弄清楚你要去的那座山的日出时间是很必要的,这就需要去请教一下有过在那看日出经验的人了。

尽管在夏天,清晨的气温一般还是比较低,所以,记得多穿件衣服,穿一双适合登山的鞋,赶到山顶之后,稍作休息,眼睛盯着太阳升起的地方。你会看到:东方的天空,随着繁星的渐没,天空的颜色先是灰蒙蒙的,继而由灰变黄、变红、变紫,渐渐地,在地平线附近裂开一条缝隙。一会儿,缝隙变得越来越长，越来越宽，同时越来越亮，几道霞光射向天空，忽然一弯金黄色的圆弧，冲破晨曦，从地平线上冉冉升起。开始的时候像一轮金黄色的弦月，镶嵌在地平线上，然后慢慢变成扁圆形，宛如一盏巨大的宫灯，悬挂在东方的天边。此时，如果配以一望无垠的云海，其景象就更为壮观：天上霞光万道，红云朵朵，下边连绵云海，万顷碧波。初升的太阳，随着饱览这一瑰丽景色的旅游者的呼唤声，若隐若现，若明若暗。看到如此奇异的日出，足以让你流连忘返。

此时，也许你会想起一位诗人的话："太阳每天都是新的。"所以，每天都有一个新的开始，新的一天又到来了，这又是你人生的一次新的起点，加油吧，为了更美好的明天。

## 给平淡的生活加点调料

平淡无奇的生活有时候也需要一点刺激。给生活加点调料，给生活制造一些新鲜的空气和浪漫的气息。体验刺激的过程，也是一个挑战自我、战胜自我的过程。

平淡无奇的生活最容易让人失去斗志，安于现状，不思进取。很多时候，我们想做一件事，却往往因为缺乏勇气而退却。

整日按部就班地过着没有波澜的生活，日复一日，年复一年，今天仿佛只不过是在重复昨天。这样的生活，会让人的眼睛变得迷离，看不清远方，也闻不到天际飘来的清新气息。

是的，我们的生活需要注入一点鲜活的元素，需要一点变化，需要一点刺激。走吧，去游乐园好好体验一次，玩玩心跳的感觉，一定会刺激你所有的神经，使你无法再麻木下去。不要把游乐园看成小孩子的专利，爱玩会玩的人才会更加热爱工作，更加投入地工作。

走进游乐园，就要对自己说，豁出去了，什么过山车、空中摇滚等等，统统都要体验一次。感到害怕了吗？觉得恐怖了吗？没关系，勇敢地走上去，受不了了就大声地叫，闭上眼睛，不用去想自己身在何处，把它当成一种享受，这的确是种别样的感觉吧！

挑战了娱乐，你才敢挑战生活，生活才是最大的挑战。今天就去游乐园吧，说不定你的人生就从今天开始转折。

## 爱自己，爱生活

生活是种磨难，因为我们在不停地奋斗，克服重重困难，不容半点松懈。生活的节奏和味道需要我们自己去调剂，享受生活才是人生的最高境界。

累了一天，整个身体都变得沉沉的，很想让全身解放一下吧。听说全身按摩很舒服，就是觉得太奢侈，好像是有钱人才能享受的"贵族待遇"，所以，上班族们总是望而却步，累了倒在床上蒙着头睡个大觉就觉得是幸福中的幸福了。

别总是虐待自己的身体，偶尔去享受一次也不为过。让劳累的身体享受享受这优厚的待遇，就当是对自己长久以来辛勤工作的一种犒劳吧！

闭上眼睛，什么都不去想，不但让身体得到放松，让大脑也暂时小憩一下，让整个身心都舒坦下来。按摩师会带你进入另外一个世界，感觉就像在云中漂浮，身体一下子变轻了，这才知道什么叫作享受啊！

不用考虑太多了，去吧！对自己好一点，享受也是为了明天能以更加充沛的精力去工作。当你精神饱满、满心愉悦地迎接新的一天的工作和生活时，你才会明白生活真的是需要不停地调剂的，劳逸结合的人才是真正会工作的人。

## 有快乐的心情，才有美好的事情

万事万物都只是客观地存在于我们的世界，它们本身没有感情，是人类赋予它们灵性和寓意。用快乐的眼睛看事物，世界是明亮的；用忧郁的眼睛看事物，世界是灰暗的。

乐观的人是太阳，照到哪里就亮到哪里。我们的世界应由我们自己来装扮，不要总是埋怨世界辜负了我们的热情，也不要悲叹世界的苍凉与灰暗，看看别人脸上的笑容，看看别人眼睛里透出的光芒，世界在他们眼里又是怎样的呢？

学着改变心态，用快乐的眼睛去看世界。用各种方法让自己保持一整天都很愉快，你会发现万事万物都是那么的美好，充满了希望。踏上快乐旅程，你会发现，你的世界越来越精彩。

## 见证绮丽的风光，觅得内心的坦然

不是孤独的雁，也不是单飞的鸟，如果你想用自己的脚走出自己的路，心中又有一直向往的城市，不如背着行囊，独自做一次孤傲的旅行。

你有没有发现，大多数人选择与其他人一起旅行。也许很多时候你想一个人没有任何约束和牵涉地自由自在地旅行一次，但总是由于顾虑太多而作罢，也许是害怕孤独落寞或是不够安全。其实，如果你真的渴望轻松和自由，独自旅行虽然是孤单，但绝不会孤独，还会有一种你从未领略过的闲适和悠然自得。

每个人心目中都会有一个或几个想去的城市，选择一个，不用考虑太多，就当是给心情放个假。简单收拾一下行囊，不用带太多的东西，一个人出发，一切从简。不过最好还是带上手机，即使非常不愿意被别人打扰，因为无论如何，安全还是第一位的。

独自的旅程里，留一份自己给自己的骄傲，磨砺那站在高处的自我，保留着最深处的自信。不管是山间小路的尽头，还

是铁轨延伸的远处，天涯海角的茫茫一线间，眼前的这条独自一人的路上，你期待风也期待雨，期待一切障碍和险阻，但这并不一定真的会发生。也许一路都是平平安安，顺顺利利，其实我们并不是为了见证多么绮丽的风光或是盛传的繁华，只是为了找个呼吸的缝隙，觅一份内心的坦然。

单独旅行吧，即使沉甸甸的心里开始有了一种不可名状的悲情，但在渐行渐远间就会把一切疏离，只为了归来时那依然温暖灿烂的笑容。相信这一定是个不错的历程，会让你收获很多，别想太多了，出发吧！

## 寻求心理的宽慰

追逐情调并不是追逐一种物质上的满足，而是一种心理的宽慰，更确切地说是一种思维情绪的升华。没有情调，生活就没有颜色。

咖啡馆是一个非常有情调的地方，弥漫着一种浪漫的气氛。在那里，你可以和情人讲绵绵情话，窃窃私语，甚至来一场求婚也不错。

当然，你也可以独自一人很随意地喝喝咖啡，然后什么也不用做，只是静静地坐着，让咖啡馆里的音乐缓缓地流过，然后你微闭着眼睛，想想今天你都做了什么，遇到了什么人，什么人什么事给你留下深刻的印象，明天你打算做点什么呢？或者你可以静静地思考某个问题，这是一个很好的沉思的场所，没有人打扰，没有其他事情的压力，你可以很专注、很放松地去思考任何问题。

你还可以把你要做的事搬到咖啡馆去做，比如起草一份文件，写一封信，写一篇日记，或者看看工作计划。

如果看到有和你一样孤单的人，不妨走过去和他（她）打个招呼，问对方自己是否可以坐下来，大家一起聊聊。当然，这个人最好看起来比较有意思，看起来比较随和，喜欢结交朋友。

如果觉得一个人有点落寞，那么就找个人和你一起坐坐。

这个人不一定是你的爱人，甚至找一个同性的朋友都可以，两人可以随意地聊聊天，或者就某一个彼此都很感兴趣的话题，认真地交流一番。谈谈人生，聊聊彼此的梦想，或者只是谈谈彼此生活中的一些小插曲。

## 保持一颗童心

童年，在每个人的心目中仿佛都是那么的无忧无虑；因为简单，所以快乐；因为容易满足，所以幸福。如果能永远保持一颗童心，就可以让那份天真与浪漫永恒。

夏天的夜晚，最快乐的事莫过于捉萤火虫，相信每个人的记忆中，都有关于捉萤火虫的快乐回忆。虽然我们已经长大，但是萤火虫依然在迷人的夏夜快乐地飞舞。追赶它们快乐的舞步，追赶我们童年的脚步，快乐还要去何处寻找？其实，它就在我们的身边，用心去体会，就能发现生活的乐趣。

像从前那样，拿一个网兜，追在萤火虫的屁股后面，看准了，就猛地罩过去。别看现在长大了，跑起来可能比小时候更加快了，但是你肯定失去了小时候的灵活，别灰心，今晚能捉到一只也算是成功了。况且，我们追求的是捕捉过程中所得到的快乐，而不在于最终是否能捉到，能捉到几只。

最好能和某人合作，一人追着，一人用一个小瓶子装着这些捕捉到的萤火虫，小时候和小伙伴不就是这样愉快地合作的吗？如果能和爱人一起捉萤火虫，那一定是一件非常浪漫的事情，虽然看起来有些傻气，但恋人之间的浪漫，在外人眼里，有多少是明智之举呢？因为傻气，所以快乐；因为傻气，所以难得。

如果你已经为人父母，那就和自己的孩子一起玩这个游戏吧，有这么可爱的父母，你的孩子该是多么幸福啊！

# 第二章 世界如此美好，值得全力以赴

YUEMAN,
YUEMEI,
YUEJING,
YUENUAN

## 世界如此美好,值得全力以赴

一种生活过得久了,难免会有些平淡,失去了当初的激情和活力。然而成功的前提正是专注于一件事,当你满怀激情地做一件事时,便会找到一种久违的感觉。

今天你是否计划做一件什么事,或者和平时一样例行公事,其实做什么事都没有关系,只是要改变一下做事的状态。如果平时由于厌烦,你显得有些萎靡不振,那么今天尤其需要改变。

早上起床,洗把脸,轻轻拍打一下脸颊,吐口气,然后来一个深呼吸,有没有感到一下子神清气爽了呢?

不管怎样,给自己一点心理暗示,对自己说,今天精神百倍,有使不完的劲。接下来,集中全部的注意力到一件事上。如果是工作上的事,就当作自己是第一天上班,发挥百分之百的热情,并怀着强烈想要干出成绩的愿望,直到把这件任务圆满完成。或者你做的只是一些家务活,比如拖地、做饭、洗衣等,都可以充满激情,事不在大小轻重,而在于我们的精神状态。

干家务活的时候,你可以轻声哼首曲子,伴着你干活的节奏。在激情四溢的同时,一种愉悦灌满整个心间。

满怀激情地做一件事,还在于坚持,千万不可三分钟热情,做了一半精神一下子松懈下来,然后又恢复从前的样子,甚至停下手中的活,迷茫地发呆,仿佛做了一件多么自欺欺人的事。做这件事的时候,要不停地鼓励自己,告诉自己坚持到底,看看最后以不同以往的精神状态完成的工作成果与平时的有什么差异,是不是完成得更加干净利落。

不管结果如何,起码有一点值得肯定,那就是你的精神是饱满的,心情是愉悦的,这点不是比什么都重要吗?

## 微笑的种子，开花了

世界上的每一个人，都想追求幸福。有一个可以得到幸福的可靠方法，其实很简单，那就是微笑着过好每一天，幸福就会在笑容里荡漾！

你的笑容就是你善意的信使。你的笑容能照亮所有看到它的人。对那些整天都皱眉头、愁容满面的人来说，你的笑容就像穿过乌云的太阳；尤其是对那些受到来自上司、客户、老师、父母或子女的压力的人，一个笑容能帮助他们了解一切都是有希望的，世界是有欢乐的。

微笑能改变你的生活。今天不妨就试试保持一整天的微笑，对今天你遇到的每一个人都微笑致意。其实这并不难，甚至都不需要你张口说一句话，一个微笑就足以表达你所有的友善。

微笑对别人是鼓励，是赞扬，是认同，哪怕只是一个简单的问候，也会传递给对方一种温暖。不要等着别人先跟你打招呼，你可以主动送出一个微笑。认识你的人会因为你的友好与你更添一份亲近，就连不认识你的人也会感受到一种莫名的暖意。

如果你平时就做得很好，今天就继续努力吧！如果平时你很少这样做，那么就从今天开始改变吧，不要觉得难为情，害怕别人惊异你的变化，这种变化是好事，每个人都会为你的变化而感到惊喜，也许从今天开始对你有了一个新的认识。

如果你不喜欢微笑，那怎么办呢？那就强迫你自己微笑。强迫你自己吹口哨，或哼一曲，表现出你已经很快乐了，这就会使你真的快乐起来。

快乐的你，不要吝啬，把你的快乐与别人分享吧！快乐不会因为分享而减少，只会因为分享而成倍增加。那么，把你的快乐用微笑送给你身边所有的人吧！让整个世界都充满了你的快乐！

## 寻得所爱，为之守望

这世上有三个字曾令无数人心潮澎湃、热泪盈眶。只需这三个字，任何其他的语言仿佛都成了一种累赘。这有着神奇魔力的三个字，便是："我爱你！"

"我爱你"这三个字在很多人心目中都是很神圣的，尤其对于初识的恋人，想说却不敢或不好意思说，这样的心情相信很多人都经历过。而当时光流逝，岁月匆匆而过，爱情变得有些疲惫和麻木的时候，你是否还会记得对身边的爱人说这三个字呢？

也许你已经觉得没有必要，也许你太过忙碌而忘了还有这三个字，也许你觉得已经说过的话再说一遍已经没有必要，也许你觉得用行动来表示更有意义。但是，你真的错了，这三个字真的是经久不衰的神奇字眼，它在每个人心目中永远都保持着至高无上的位置，所以，永远都不要忘却它的魅力。

今天，何不找个合适的时机对心爱的人说出那三个字。其实，不用怎样刻意营造气氛，清晨，你睁开双眼，对着睡眼惺忪的爱人可以轻轻说出来，相信他（她）一定会立马精神百倍，而且会保持一整天的好状态。上班临行出门之前，也可以抓住某个瞬间，在他（她）耳边轻轻呢喃一句，你一定会看到对方眼中的惊喜和兴奋,你也因此会快乐一整天,关键是,你们的关系也会因此有了新鲜的色彩。其实,这并不难,只是三个字而已,却可以让两人的生活发生很大的变化,也许你想都想不到。

记住,说这三个字的时候,一定要认真,深情款款,千万不可漫不经心,否则你就是在亵渎这神圣的字眼,而且也会让对方觉得你是在敷衍。如果那样的话,还不如不说。说到底,就是要你用心,发自内心地表达爱意,而不是一时的心血来潮,像交一份作业似的匆忙没有心情。

找个合适的机会吧,你的爱人在期待你带给他(她)的惊喜。

## 你的心里也会流转风光

每个人的人生道路其实都是大同小异的,无非生老病死、吃喝拉撒、衣食住行、求学工作、结婚生子,然而,有些人觉得幸福,有些人却觉得不幸。为什么?一句话,幸福由心生。人人都渴望得到幸福,但是追求幸福的路却只有一条,简单地说,幸福需要用心去感受。

你是不是总在埋怨自己的贫困潦倒,羡慕别人的汽车洋房?总在感叹别人的幸福唾手可得,而自己的幸福却遥不可及?又或者你已经拥有了万贯财富，却总感觉幸福远在天边？

戴尔·卡耐基曾说过："幸福与不幸福，并不是由个人财产的多寡、地位的高低、职业的贵贱决定的。"是的，幸福就在你身边，只需要你用眼睛去发现，用心去感受。有亲人和乐融融是幸福，有爱人相伴一生是幸福，有朋友嘘寒问暖是幸福；工作一天疲惫不堪，回家和家人吃上一顿可口的饭菜是幸福；炎炎夏日喝上一杯清茶是幸福，冷冷冬日喝上一杯热咖啡是幸福；看到路边的小花绽放是幸福，看到小树苗吐出绿芽是幸福……

幸福处处在，你还在抱怨什么呢？幸福就是一种感觉，一种由内心深处冒出的感觉，一种对生活对人生满足的感觉。敞开你的心扉，你会觉得你是幸福的。

## 即便人生如戏，也要演好自己

在通往成功的路途中，最怕信念的动摇，信念是成功的基础，没有坚强信念的支撑，再好的目标也只是水中月、镜中花。信念让我们擦亮蒙尘的眼睛，信念让我们遥见理想之花频频点头，信念让我们坚定方向，步伐稳健，信念让我们直达光辉的顶峰。

人生的旅程是遥远的，只有不停地前行，才能不断靠近预定的目标。虽然目标不可能都能达到，但它可以作为我们奋斗的瞄准点。信念的力量在于即使身处逆境，也能重新拥有前进的毅力。

信念不是先天的，而是后天的。它是人在社会实践中对各种观点、原则和理论，经过鉴别和选择而逐渐形成发展起来的。当某个人确认某种思想、某种理论和某种事业是正确的，是真理，并去自觉维护这种思想理论和观点，就确立了信念。

如果把人生比作杠杆，信念则好像是它的"支点"，只有具备这个恰当的支点，才可能成为一个强而有力的人。

所以我们要经常警告自己，别让信念动摇。因为人在困难面前总是很脆弱的，难免有畏难情绪。今天从早上起床开始，你要不断告诉自己：坚持、坚持，别动摇，胜利的曙光就在前方不远处。

不要感到厌烦，也不要觉得疲惫，相信这样做对你的人生很有帮助，因为信念是人生征途中的一颗明珠，既能在阳光下熠熠发亮，也能在黑夜里闪闪发光。

没有信念的生活，人生路上将黯淡无光。有了信念，即使遭遇任何不幸，都能召唤起重新开始的勇气。

确立我们的梦想，坚定我们的信念吧，这样我们才能有光辉灿烂的人生。

## 于你是不经意，于人是满怀感激

勿以善小而不为，你能通过自己的点滴努力，使这个世界变得更美好。只需做一件不经意的小善事，你就会发现，你的世界变得更友善了。

人们总是关心一些遥不可及的事情，比顺手做一件小善事的热情要高得多，但最终往往落得一事无成，空悲叹！

生活中有很多我们力所能及的事，无须耗费我们太多的精力和能力，只需我们有一双灵动的眼睛和善意的心。不论是一句同情的问候,还是重大的表示,发自内心的善行都能够增进你的健康与快乐。经常保持这样的善举,其能量是惊人的。

比如带迷路的小孩找到回家的路;比如帮正忙得焦头烂额的同事或其他什么人做点你能做的工作;比如给路边行乞的可怜人一点微薄的施舍等,这些小小的行为其实都是善举,而又不需要花费你太多的体力和脑力。这些真的都只是一些力所能及的小事。

做一件不经意的小善事,不仅会给别人带来了温暖,也能给我们自己带来无穷的快乐。理查德·卡尔斯说,"当你为别人做好事时,你会有一种身心宁静平和的感觉",尽管那些全是小事情,但"善良的爱心行为会释放类似内啡肽的情感激素,之后,使你感觉良好的化学成分便会进入你的下意识"。

## 真心的陪伴,莫大的欣喜

"谁言寸草心,报得三春晖",亲情是一个人善心和良心的综合表现。孝敬父母,尊敬长辈,这是做人的本分,是天经地义的美德,也是各种品德形成的前提。

每个人都知道应该孝敬父母,但很多人仅限于口头上的承诺，或者以为给父母一些物质上的补助和享受便是孝敬了。当然，让父母晚年在物质生活方面能够富足也是孝敬的一种表现，但是，这绝不是最根本的。孝敬父母，要用心，要体贴，要想父母之所想，要像对待自己的子女一样细心照顾，用心呵护。

大多数的父母，一辈子劳碌，很少有时间出远门旅游。给自己的父母一个惊喜吧，告诉他们今天和他们出去旅游，问他们最想去哪儿。如果你平时多用心观察，你应该了解他们最向往的旅游胜地，提前买好机票或车票，对他们说："亲爱的爸爸妈妈，走，今天咱们一起去旅游吧！"相信这对于每一位父母来说，都是一种莫大的欣喜。

帮他们收拾好行李，不用带太多的东西，一切从简，旅游是为了轻松，不可让他们旅途劳累。去目的地的途中，给他们介绍那里的风土人情，都有些什么景点，等等。

旅途中，时时处处注意他们的行动安全，注意不要让他们过度劳累，中途要注意休息。既要让他们玩得尽兴，又要保证他们的身体健康和行动安全。

## 珍惜生活赠予的礼物

　　幸福生活是由一个个的片段、一个个的细节、一个个的瞬间组成的,如果可能的话,把这一个个美丽温馨的瞬间收录成册,供以后慢慢欣赏回味,那将是怎样的一种幸福啊!

　　幸福是种感觉,生活中的点点滴滴凝聚成的一种感觉,每一天的平淡生活中承载的都是满满的幸福。想要把这些幸福的瞬间都记录下来吗?最简单、最直观的方法就是用相机拍下来。

　　你可以选择带上相机和家人出游,拍下每个人在广阔的天地中真性情的一面,每一个表情,每一种形态,都是真情流露。如果不想出去,在家里也能拍摄,不要认为太过家居就没有拍摄的价值,其实我们要留下的就是这种最最平常、最最普通的家居幸福片段。如果你想拍下最真实自然的一面,可以事先不告诉家人,在他们欢声笑语之时,偷偷拍下这些温馨的瞬间。谁是经常做饭的那个人,为了记录他(她)的辛勤劳动,今天就把相机对准厨房,拍下他(她)忙碌的一面。饭桌上大家享受可口的饭菜时的温馨场景，饭后一家人坐在一起看电视的画面等，这些都是非常有价值的幸福瞬间。

## 回头看一下来时的路

人生有亮点，自然就有暗点，而且经常发生错位。当乌云遮盖前面的天空，失去光彩时，谁承想，回头却同样能看见蔚蓝。在困境中学会向后看，另谋出路，也是一种人生智慧。

生活总喜欢把荣辱、成败、得失等对立的东西同时呈现在人们面前，考验人的心性。这时往往需要向后看，理清思绪，拥有一颗平常心，学会平静地说再见，避免误入激流，剑走偏锋，伤及他人和自身。这是积极的人生态度，是珍重生活的方式，是一种生命的支撑，是生活的主色调之一，是大聪明、大智慧。回头感悟人生哲理，重新理解生活，从容面对喧嚣纷杂的世界，就不会因昨天错过今天。

向后看，不是消极回首，而是一种前瞻；不是刻意逃避，而是一种壮行；不是甘于平庸，而是角色转换；不是砸碎原有生活框架，而是在现有框架里构建新生活。"功夫向后看，功效向前进。"

哲人说："一个人的幸运在于恰当时间处于恰当的位置。"人生道路崎岖，不管痛惜还是悔恨，生活终究还要继续。向后看，从时间里寻觅真理，收拾好心情，领悟人生，准确定位，用智慧汗水兑换幸福。

回头看一下来时的路，是笔直，还是弯曲？是顺畅，还是迂回？在哪个地方你走得非常艰辛，为什么？你难道还要继续走下去吗？来时的路，是不是在启示你前方的路，你该如何走？你看明白了吗？

## 珍惜，是最好的回报

你怎么看一个人，那人可能就会因你而有所改变，你看他是宝贵的，他就是宝贵的。一份尊重和爱心，常会产生意想不到的善果。如果你的视线在那人身上停留得太短，就会来不及思考。

我们身边出现的人太多太多，有些也许只是匆匆一现，你还来不及在意，就已消失在你的视线以外。可是，朋友，你有没有那么一个时刻，认真地、用心地，看待过这些匆匆的过客呢？甚而是你生命中的"常客"，也许你会因为熟悉而变成一种麻木的漠视。别忘了，每个人都在渴望被人尊重和重视，包括你自己，不信，问问你自己的心。所以朋友们，不妨用心看待这个世界，用心去尊重每一个人及自己，你将会发现，自己及周遭的人都有着无穷的潜力。

所以，找个空间，认真想想身边有哪些人常常被我们忽略，尤其是每天在你的生活中出现的人。这样的人，往往是你的亲人、朋友、同学、同事，因为常在你眼前晃动便变成一种漠视，也许其中有些人，一直在为你默默付出，你却因为天天享受而认为是理所应当，忘了给予回报。

认真想想吧，仔细留意，你会惊异地发现他们每个人的存在价值，原来他们对于你来说，是那么的重要。懂得珍惜，懂得回报，才会让我们的人生无憾。

## 你有你的节奏

守时是一种观念，更是一种素质，一种修养，是一个人信誉的体现。诚实守信的人，在任何情况下都会努力按时赴约。

时间的珍贵是无法衡量的。古往今来，时间吝啬而又公平地分给每个人一天 24 小时。对于我们每个人来说，时间就好比是生命。鲁迅先生曾经说过:"浪费别人的时间等于谋财害命。"

守时能够给人以良好的印象。每一次你的守时,都会在对方的心坎里烙下一个坚实而又深刻的脚印——你是一个值得信赖的朋友。守时,不仅节约了自己的时间,也为自己赢得了一个又一个的朋友。

因此,每次约会,我们一定要做到按时赴约。和朋友约定时间的时候,一定要认真考虑清楚那个时间你是否能到达,不要随口就答应。约定时间后,就不要因为其他的事情耽误这次约会,除非真的有非常重要的急事。有急事不能按时到达,必须提前通知对方,另约时间,不能因为事情紧急就将约会的事暂时搁置一旁了。要知道每个人的时间都很宝贵,不可白白浪费别人的时间。

守时,多么简单的两个字,遵守时间,遵守约定。然而它的意义深远,它为你的道德修养和信誉证书盖上了一个鲜红的印戳。

## 让快乐成为习惯

在任何时候,快乐都是给自己和他人的最好的礼物,当快乐成为一种习惯的时候,你甚至不需要给快乐找理由。因为快乐,所以快乐……慢慢地,快乐就成为我们生活的一个习惯。

首先要选一个风景优美的地方,有山有水,有树有花,即使路程远一点也没有关系,早点出门,当太阳升起的时候,刚好赶到那个地方。

要拍出好的照片,好的相机当然也是关键,所以,如果你自己没有好的相机,那么,想办法借一个,即使去照相馆租一个也是值得的。

如果你对自己的照相技术没有信心,那么事先找个摄影高手学习几招,当然,我们是为了寻找一种生活的气息,寻找人生的快乐,并不是要做得多么专业,所以,对于照相技术和照片的效果不必刻意追求，自己觉得满意就行了。

选取你自己认为最美的景色，多角度拍摄，别忘了调好亮度、色度、焦距之类的。照完之后，别忘了在相机里看一下效果，如果效果太差，最好删掉重新照，免得占据空间。虽说是风景照，但景中有人会更美，如果有同伴，互相给对方留影，人与大自然融合，是最美的艺术瞬间。

尽量多照些不同的景色，寻找有山有水的地方，可能要走很远的路，忍耐一下，就当作锻炼身体好了。而且这的确是一次锻炼身体的好机会，还可以在大自然中陶冶性情，在这里留下永恒的纪念，绝不枉此行。

照完照片，回家后把照片按类整理好，打印或者冲洗出来，用相册装好，每一张照片下面备注一下，备注的内容完全由你自己决定，可以写上此景的名称，也可以是你的感想和赞美。

整理完之后，把它当作艺术珍藏，和你其他的"宝贝收藏"放在一起吧。

## 传递你的爱心

不求回报的奉献,为爱心,也为理想,参加志愿者行动。这将会是对你灵魂的一次洗礼。

形形色色的志愿者行动很多,其目的往往都是为了人类某项事业的发展,譬如支教、扶贫等。志愿者行动,以志愿参与为主要形式,以志愿服务为手段,有组织、有目的地为社会提供服务和帮助,推动经济发展和社会进步,推动社会公民思想道德建设的发展。一般来说,志愿者行动致力于创造美好的明天,着眼于开拓未来。

选一个你感兴趣的志愿活动,积极报名,不要以为报名就可以参加,很多志愿者行动还需要通过选拔才能参加的,因为这样的志愿活动都是很有意义的,很多人都是因为兴趣而参加。所以,决定参加后要认真准备面试,努力在选拔中脱颖而出。

志愿者行动一般都是为了弘扬"奉献、友爱、互助、进步"的精神,所以,你必须首先牢固树立这样的思想,跟随志愿组织,深入具体的社会活动中去。如果选择支教,就要尽心尽力为普及科学文化知识贡献一己之力；如果选择扶贫，就要致力于消除贫困和落后；如果选择其他公益事业，就要为消灭公害和环境污染，促进经济社会协调发展和全面进步，建立互助友爱的人际关系而努力。

既然是志愿者行动，就得抛弃有偿服务的想法，树立无私奉献的观念。总之，这次行动绝对是对你的精神和灵魂的一次洗礼。

# 第三章 静享一丝一缕的阳光

YUEMAN, YUEMEI, YUEJING YUEJUAN

## 等待也是快乐

狂乱浮躁的心灵，需要一个宁静的空间，让我们用耐心去专注，去投入，让心灵慢慢净化。

垂钓是件很有意思的事，当夕阳西下的傍晚，带上渔具，放下一身的疲惫，抛开一切的烦恼，到一个幽静别致的鱼塘边，静静地享受这安宁闲适的空间，的确不失为人生一大快事。

如果你想花上一整天的时间去放松，那出门之前一定要先看看天气预报，如果天太热，太阳太烈，最好带上遮阳的伞或者帽子；如果有雨，务必带上雨伞。当然，雨天也不太适合钓鱼，所以，必须提前做好一切准备。

垂钓是一种情调，是一种意境，真正的垂钓者都是能独享自我纯净世界的人，让自己融入大自然的神韵之中。垂钓需要抛开一切杂念，专注于钓，专注于这样一种宁静的快乐。

垂钓也需要保持冷静，心浮气躁的人不大适合垂钓。垂钓的过程大部分时间都是在静静等待，鱼儿上钩，那只是一瞬间的事情，却需要花上很长的时间等待。如果是懂得享受这种过程的人，等待也是快乐的。

垂钓需要精力集中，全神贯注于鱼竿的动静，当手中的鱼竿开始上下晃动时，表示鱼儿开始咬钩了，这个时候千万要沉住气，不可冲动地拉钩。因为，鱼儿还没有真正咬住钩，鱼儿发现了鱼饵，一开始的时候总是跃跃欲试，如果这个时候打草惊蛇，鱼儿就会放下鱼饵离开。只有等到鱼竿猛地往下一沉，这个时候才表示鱼儿真正咬住鱼钩了，此时就不要再左顾右盼，赶快拉钩，否则，迟疑片刻，等鱼儿吃完鱼饵，就会放开鱼钩离开。所以，拉钩的时候一定要把握好时机，没有经验的人可能总是时机把握得不对，没有关系，多试几次，就能把握手中的感觉了。

当然，有可能你今天运气实在是不佳，等待了老半天也不见鱼儿上钩，那也不要心烦意乱，要记住，垂钓追求的是过程的快乐，享受的是一种情调和意境。另外，如果你久等不见鱼儿上钩，也可能是你蹲点的地方不对，换一个地方，也许情况就有转机了。

## 跟自己谈心，最是平静快乐

日记，就是自己心情的一种记录。当一天结束，把所有感受都化为文字，既是一种回味，也是一种感叹，还有一份对未来的憧憬。当将来的某一天你再看到这段文字，便是对这一天的一种真实再现。

夜幕降临，一天已经结束，这么美好的一天，这么美丽的心情，似乎不留下点什么，将成为遗憾。也许最好的方式莫过于写一篇日记，记下这美好的一天，让这美丽的心情成为永久的记忆，可以时时翻出来回味。

如果你平时就有记日记的习惯，那么打开日记本，接着记录。也许今天有些特殊，因为快乐，因为有希望。今天的文字不会再有牢骚和抱怨，全部都记载着美好和幸福。如果你平时没有记日记的习惯，那就找一个日记本出来，可千万不要随便找一张纸来对付，日记最好能够保留，日后再打开来，你会发现这真的是一笔宝贵的财富。

记日记，就要认真地记，写下详细的日期，以及当天的天气状况，越详细就会越丰富，越真实。你可以详细地记下今天发生的每一件事，或者只是记下一份美丽的心情，诉说你的感受。日记，就是自己跟自己谈心，或者假定有一个人，站在你的心灵深处，让你可以放开心怀地畅谈你的爱好、追求、梦想。这样会比跟朋友聊天更加无所顾忌，在这个空间里，你可以毫无保留地袒露你的心迹。

不要懒惰，拿起笔来吧，你会发现，其实记日记也是一种精神享受。

## 你没必要活得那么紧张

忙里偷闲,寻找一份夹缝中的轻松和快乐,对忙碌的人生是一味绝妙的调味剂,偶尔的品尝,在瞬间的神清气爽中享受人生的怡然自得。

每天都有做不完的工作和事情,很久没有好好放松一下了,心里虽然很想轻松一下,但又放不下手中的活。试问一下自己,是不是这样?人生也要学会享受,对自己好一点,今天就放下这一切的工作,不管它们有多重要,找个地方清闲一下吧。要知道,偶尔的放松,也是为了接下来能够精力充沛地投入工作。

到什么地方去放松倒不是最重要的,关键是要放得下一切的繁忙,不只是身体离开,手中放下,心也要放下。既然出来了,就要把整个身心都投入轻松愉悦的休闲中去,否则,人在外面,心里还想着,焦急不安,还不如干脆别出来,出来就是为了放松。

既然下定决心全身心放松,就要事先把事情安排好,比如把留下的工作做个记号，跟合作的同事交代清楚，如果有必要，跟领导也汇报一下，以备明天上班接手的时候能够很快进入角色，投入具体的任务中去。把这些工作都安排好，相信你也没有任何后顾之忧了，这样就可以放心地休闲。

## 在思想的海洋里遨游

读一本好书，像乘上一艘万吨巨轮，载着我们从狭隘的小溪，驶向波澜壮阔的思想的海洋。读一本好书，像擎起一炬熊熊燃烧的火把，即使在没有星光也没有月色的黑夜里，你照样能够健步如飞而绝不迷途。读一本好书，可以为你指明一条道路。

读一本好书，有如与一位绝好的友人在一块待上几个时辰，即使一语不发，只默默感受那份书香缭绕中无声的宁静与温柔，心里也能踏实熨帖得不行。

一本好书，一杯清茶，一桌一椅，静心坐下来，和书中的人物神交，和高尚睿智的作者喁喁私语。这种生活，只怕连神仙也不会再挑剔什么了，难怪罗曼·罗兰要说："和好书生活在一起，我永远都不会叹息。"

不信，你可以拿起一本好书，认真阅读，你会感觉仿佛进入了一个绚烂多姿的缤纷世界。有沉思、有感叹；有激昂、有欢笑；有火山爆发、有狂飙倏起；有涓涓细流、有洪波万里；有云卷云舒、有潮起潮落；有飞流直下三千尺、有一行白鹭上青天……

如果你喜欢听古典音乐，你更会觉得读好书的感觉就仿佛徜徉于一段经典名曲。托尔斯泰的博大精深一如贝多芬的深沉多思；欧·亨利的诙谐幽默仿佛海顿的轻松明快；福楼拜的精致入微恰似巴赫的婉转细腻；鲁迅的辛辣犀利正像瓦格纳的奔放不羁……不觉间，音符翻飞，旋律起伏，节奏纷沓，书人合一；一忽儿，白雪阳春，水清月朗，天高云淡，心若止水。这时候，世界不再喧嚣，内心不再浮躁；胸可纳百川，人可立千仞，如鲲蛟戏水，似天马行空；不扶而直，不攀自高；得失尽忘，宠辱不惊。

选择一本好书，认真读一读，你可以请教会读书的人，让他们帮忙推荐，也可以找来心中一直想读却没有足够时间阅读的书。

今天就给自己一个足够的空间，什么事都不做，什么事都不想，只用来专心徜徉于书中想象的空间。

## 透过逆光中的影子,看见飞翔

  人生最大的幸福莫过于梦想成真,人生最大的希望莫过于对梦想成真的企盼。人生有一种快乐是幻想梦想成真的幸福。

  也许你有很多梦想,但是不能太贪心,今天只能想象其中一个梦想实现的情景。不要再左右为难了,就是那个你一直最渴盼的梦想了。幻想的时候,应该选择在一个好的环境里进行。比如在夜晚月光柔柔的阳台上,靠着躺椅,静静地享受月光的温柔,在这迷人而浪漫的氛围中,最适合在想象的世界里徜徉,而且最好是一个人,保证没有人打扰你的静思和美梦。也可以在朦胧的灯光下,用被子将自己包裹在卧室的大床上,微闭着双眼，让视线变得迷离模糊，头脑中的想象似乎已经在眼前闪现。

根据你的梦想的性质，你甚至可以选择一种背景音乐，这样也许有助于你想象的深入。想象的时候，你可以想象得很具体，包括具体的场所、具体的人物、具体的动作、具体的语言，每一个细节都可以在脑子里像放电影一样。想象的时候，你可以完全忘了此时此刻的所在，甚至忘了此刻的自我，是另一个"我"在另一个世界里游走。

如果你想开心地笑，那就笑出来吧，这里没有别人，只有你自己，在这个自我的世界里，你可以随意做着任何你想做的事，可以无所顾忌地开心，因为，此时此刻，你要真的以为你的梦想已经实现了。

## 给自己藏点儿小幸福

在我们每个人的精神世界中，都有一轮炙热的闪耀着激励和赞美之光的太阳。这轮太阳就是一个人发自内心地对自我的赞美和欣赏，只要这轮太阳不被自卑自叹、自怨自艾的乌云所遮掩，她的光芒就会照亮你的心灵，照亮你前进的道路，照亮你未来的岁月。

小草总是赞美大树的挺拔,可它忘记了自己风吹不倒、雨打不折腰的顽强意志最让人叹服;小溪总是赞美大海的壮观,可它忘记了正是自己的默默奔流,才成就了大海的波澜壮阔;绿叶总是赞美花的娇艳,可它忘记了正是自己心甘情愿的陪衬,才显现出花朵的美丽……

曾几何时,我们已经习惯了赞美别人,认为赞美一词就是为别人而量身定做的,认为别人处处强于自己,自己处处不是,注定平庸。因此自卑之感时不时地冒出来,模糊了我们远望的视线,扰乱了我们生活的平静步调。既然这样,就闭上你赞美他人的嘴巴,赞美自己吧!

想好了赞美自己的语言了吗?想好了就拿出纸和笔,写上满满一页赞美自己的话。如果还没想好,就自信地站在镜子面前,仔细地打量一番自己。也许你身材不好,还有些胖,那就赞美自己的健康;也许你眼睛不大,还是单眼皮,那就赞美自己的机灵;也许你的个子不高,还很消瘦,那就赞美自己是精华的浓缩吧……终于,你会发现,自己真的很不错,自己也是一道风景,这时你会信心满满,希望满满……

记住,一定要写上满满的一页,赞美自己一定不要吝啬语言的丰富和华丽。当然,一切也要从实际出发,写出你自己的个性特点。有些特性,从一个角度看是缺点,换一个角度看也许就是优点了,关键看你自己怎么发挥,怎么把握。这样做的过程,能够让你更好地完善自己的个性特点,做一个更加优秀的人。

## 兴之所至地活,才算精彩

兴趣是生活和工作的润滑剂,是点燃快乐火炬的助燃器,是消除疲倦的提神茶。而生活中处处都能寻找到属于你的快乐,关键在于你的兴趣在哪里。

当我们在做自己喜欢做的事情时,很少感到疲倦,很多人都有这种感觉。比如在一个假日里你到湖边去钓鱼,整整在湖边坐了10个小时,可你一点都不觉得累,为什么?因为钓鱼是你的兴趣所在,从钓鱼中你享受到了快乐。如果我们把生活和工作也当作一件有趣的事情来做,就会从中寻找到无穷的乐趣。

"我怎么样才能在工作中获得乐趣呢?"一位企业家说,"我在一笔生意中刚刚亏损了15万元,我已经完蛋了,再也没脸见人了。"

很多人就常常这样把自己的想法加入既成的事实。实际上,亏损了15万元是事实,但说自己完蛋了,没脸见人,那只是自己的想法。一位英国人说过这样一句名言:"人之所以不安,不是因为发生的事情,而是因为他们对发生的事情产生的想法。"也就是说,兴趣的获得也就是个人的心理体验,而不是事情本身。

事实上,很多时候,我们都能在生活中寻找到乐趣,正如亚伯拉罕·林肯所说的:"只要心里想快乐,绝大部分人都能如愿以偿。"

## 过程是怡人的风景

人做每一件事似乎都有一个特定的目的,就这样常常为生活中的"应然"而行动,抛却了心中真正的愿望。也许你在内心深处总在渴望做一件不为任何目的,只是心中想做,能让心态放松的事。

改变你平常坐车的方式,不用在站台苦苦等候某一辆车,只要有车过来，随便哪一辆，都是你的选择。上车之后，选一个自己喜欢的座位，心里不要给自己设定一个具体的终点。就这样静静地、悠闲地欣赏车窗外流动的景象，任思绪自由飘飞，不用刻意去注意乘务员的报站，不用去管每到一个站点的人来人往，也不用去理会你身旁的人群拥挤，或是人声鼎沸。你可以完全沉浸在自己的世界里，想你最近发生的一些事情，把那些纷乱的事情都理出个头绪来。或者你根本什么都不用刻意去想，让你的思想享受这难得的清闲，你甚至可以微闭着眼睛，静静养神，反正你不用担心会坐过站。

车又到了某一站，也许你突然间不想继续，那就下车吧。不用在意这个地方你是否来过，是否熟悉。下车后你可以有目的或无目的地自由闲逛一番，然后又随便选择一辆车，让它载着你去下一个未知的地方。此时此刻，你可以随意地环顾着车内的其他人，他们是否都行色匆匆，一副焦急期盼的神色，对每一个站点有着下意识的关注。那就是平常的你，今天你终于可以暂时逃避这种劳累，心里一定觉得异常的轻松自在吧！

旅程的时间完全由你自己来控制，你想进行多久就进行多久，想到哪一站结束就到哪一站结束，甚至不用去理会这个终点站你是否熟悉。

终于决定结束这次旅程，那么现在的任务就是找到回家的路,可能这个地方你有些陌生,所以出门之前你一定要带上地图,甚至如指南针这样的工具也可以带上。如果一时间有些混乱,摸不清方向,千万不要着急,相信自己,在这个城市你一定能找到回家的路。

## 沉醉在音乐的海洋里

生活如同一叶小舟,只有扬起理想的风帆,荡起奋斗的双桨,才能到达光辉的彼岸。无论境遇如何变化,都要歌唱着生活,不要奢望太多,要珍惜今天所拥有的,要学会从各种名利中解脱,做到得之淡然,失之泰然。

音乐是个好东西,很多音乐都能把你日常生活中的沉重压力释放出来,你能因而得到精神上的舒缓、休息和平和,享受这些美妙的旋律,让你自己感受那恬静的气氛,享受到音乐的轻抚,重拾信心。

选取一组你喜欢的音乐,在一个安静的房子里,开着音响,如果你怕影响到其他人,塞着耳机也行。选择一个自己比较舒适的姿势,斜倚在沙发上、半躺在躺椅上,或者干脆随意地让自己倒在床上。总之,你觉得怎么舒服就怎么来。

然后微闭着眼睛，倒不用刻意地去留意音乐表达了怎样的一种情感，只是很随性很随意地让音乐缓缓地流过，通过你的耳朵，传到你的心里。你可以随意地让自己的思绪飘飞，音乐让你想起什么，你就随着自己的心绪，不必强求，也不必压抑，一切都是那么的自然随性。

也许刚开始你无法完全沉浸在那片海洋里，没有关系，慢慢地让自己的所有神经都放松，不要再把心思放到那些扰人的烦恼事情上，抛开外面的一切，听音乐吧。想象这片音乐的世界里发生了什么，它可能是一个浪漫的爱情故事，可能是在诉说满腔的情思，可能在表达对理想的渴望、对未来的希冀；它也有可能让你回想起从前的某些人某些事，也许你已经许久都不曾想起，重拾往事，是不是会让你有一些新的感悟？

也许，在音乐的世界里，你的意识在慢慢变得模糊，不要紧，让自己慢慢放松吧，即使睡着了也无妨。这本是一个放松的空间，让身心得到完全的休息，不要因为自己在音乐的世界里睡着而感到惭愧，而应该感到幸福，让音乐伴着你入眠，是多么美好的一件事啊！

## 心若放下，云淡风轻

在我们每个人的生活中，都可能有不能承受之重。如果你在纷繁复杂的生活中挣扎得甚感疲惫，那么就给自己的心情放个假吧。

当一个人感到"累"的时候，他的心情一定比他还"累"。无论我们做任何事，我们的心情永远忠实地追随着我们。绷紧的弦会断，穿久了不换的鞋也会因疲劳而过早磨损。而我们的人生是件长久的事，很多的事情都不可能一蹴而就，为了将来，必要时一定要给我们的心情放个假。

给心情放个假，和心情谈谈吧。这样心情会告诉我们，我们真正需要的是什么。很多的时候，人们承学业之重，是为了工作的轻松应对；承事业之重，是为了生活的富足安定；持情感之重，是为了人际的和谐快乐。我们承"其"重是为了得到心情的"轻"。当我们的心情告诉我们"累"时，我们应该问问自己是不是太过于死板了。因而，每当在这时候我们应该放松我们的心情，给心情放个假。

## 还好有你的陪伴，你的聆听

懂得倾诉，懂得把自己的心事与别人分享的人，才是真正会享受生活的人。把自己隐藏起来，遮着面纱与人相处的人，永远只能独自吞咽孤寂与落寞。

可能你很想和某位朋友增进彼此的了解，那么就把自己的故事首先讲给对方听。也许你的故事并不传奇，也没有多少引人入胜的动人情节，但至少包含了你成长的某一阶段的快乐和忧愁，至少从你的点滴故事里能窥见你性格和人品的缩影，最重要的是，那是你的故事，而不是其他任何人的。

约你那个朋友出来，去咖啡馆，去海滩边，去山脚下，去湖畔，地点并不重要，关键是气氛的幽静闲适，彼此轻松地交谈，然后你娓娓道来。听的人也不必如听讲座般严肃，如同听一段美妙的音乐般带着欣赏的感觉来倾听，这样轻松愉悦的氛围易激发你回忆的神经更加活跃地跳动。

把你的故事讲给朋友听是因为彼此的信任，所以，你不必刻意地对你的故事进行修饰，原汁原味的最好，因为真实才会显得更加动人。朋友会对你的故事认真倾听，有所见解，看看你的故事在别人眼中是怎样的一种色彩，也许这会对你今后的人生有所帮助。

## 采撷身边的快乐

人人都在追求快乐，却不知道快乐原来就在我们自己的身边。其实，快乐不快乐，有时并不在于外部的条件，只在于你的心理感受而已，在于你是否有一颗清澈明亮的心，如果你的心灵布满了灰尘或是画满了阴影，快乐的阳光也就无法照进你的心房。

如果外面阳光明媚，微风习习，那就是个划船的好天气。

邀上几个朋友，一起去公园划船吧！

一条小木船一般只能坐四五个人，一人掌舵，其他几个人分坐两边划桨。掌舵的人要协调好划桨人划桨的频率，指挥大家力往一块使，只有齐心协力才能乘风破浪。如果人多，还可以分成几组，进行划船比赛，看看谁能最先到达对岸。

如果是第一次划船，可能会掌握不好划桨的姿势和力度，尤其是众人没有协调好时，船就没法正常行进。不过很快你们就能学会，而且学习的过程很好玩，可能还会闹出许多笑料。第一次划船的经历总是充满了欢笑，让人回味无穷。尤其是大伙你一桨我一桨拼命往前划，而船又没有行进的时候，每个人都会为自己和同伴的笨笨的样子忍俊不禁。当你们终于学会了协调一致，掌握了划桨的要领，船儿随着桨的节拍快速行进的时候，内心的雀跃又是不可言喻的。

划船的时候，还可以欣赏湖面的碧波荡漾和湖面的其他风景，一只只小船在湖面上游走，时不时还会出现船与船相撞的情景，伴着玩耍的人们的笑声，让人觉得生活是如此的美妙。

欣赏风景的时候，别忘了拍几张照片，包括湖面的美景、大伙划桨热火朝天的场面、某个人划桨时滑稽的动作，等等。

如果遇有桥洞，大家的注意力一定要高度集中，把船头对准洞口，小心偏移，这是考验大家掌舵的方向感了。穿桥洞是非常有趣的，很多人都不能一次成功，一次次尝试的过程会让大家笑声不断。当终于成功穿过，每个人都会忍不住为自己欢呼喝彩。湖面上到处充满了欢声笑语，渲染了整个公园的气氛，甚至都会引得湖岸上行走的人们也跃跃欲试，想加入其中来。

## 给疲倦的身体放个假

生命在于运动，健康需要运动，充沛的大脑活力来自运动，多给自己的身体一些运动的机会，让你的人生充满活力。

上班族每天为前程打拼，疲劳的眼睛、僵直的颈椎、酸痛的腰背，是否正困扰着你？聪明的你，有没有自己的应对之策？没错——运动！没时间去健身房，不妨在工作的间隙来做做瑜伽工间练习，舒展一下筋骨，抖擞一下精神，让你一整天都神采奕奕！

瑜伽一定要空腹练习。如果胃里有食物的话，练习时就会感觉身体沉重，不能充分扭转伸拉身体。因为在做动作时，食物还会在胃里和身体一起动，这不利于身体健康。而且瑜伽不仅作用在身体上，还作用在能量上，如果胃里有食物的话，能量就不能平衡流动到身体的每一个部位，大多数的能量都会流向消化系统，用于消化食物，练习也就得不到益处。因此，瑜伽最好的练习时间是在早上空腹练习。如果吃了丰盛的食物的话，至少要间隔3～4小时才能练习，而且练习完以后要等半个小时才能吃东西。

练习瑜伽的态度非常重要。练习时要谨慎,动作要轻柔。眉头紧蹙,过于紧张都会降低练习的效果,甚至导致损伤。要记住,脸上只是挂着一丝微笑,也会有缓解面部紧张的作用,微笑会给你带来轻松,使全身松弛。从练习中寻找到乐趣也很关键,它反过来可以增加身体的灵活性,加强力量,增大运动幅度,使身心意识的境界得到提升。

要在安宁、通风良好的房间内练习。确保室内空气较新鲜,以使自己可以自由地吸入氧气。也可以在室外练习,但环境要愉快,比如在有花木的美丽花园里,不要在大风、寒冷或不干净的、有烟味的、难闻的空气中练习。

练习场地不宜太硬或太软。瑜伽是不受场地限制的活动之一,无论在家里的客厅、卧室、阳台,或是办公室、户外场所,只要有一个可容全身平躺或伸展的空间即可,但由于瑜伽动作涉及许多柔软动作,练习时难免有挤压肢体和肌肉的状况,所以应避免在坚硬的地板或太软的弹簧床上练习,否则会意外受伤。因此,在家练习瑜伽时,最好在地上铺块毛毯或瑜伽垫。

练习前要做好充分的思想准备。练习时要先进行热身,这点非常重要。因为热身可以帮助身体做好准备,在练习时感到更轻松，防止发生意外伤害。还可以改善意识状态，有利于瑜伽练习和身体健康。热身可以改善血液循环，有利于全身的协调和舒展。

热身有助于把注意力集中到呼吸上，使呼吸均匀。这样可以增加氧气吸入量，提高能量水平，更好地集中注意力。不仅如此，练习所带来的肌肉绷紧也会因为事先热身而减轻，热身使血液循环加快，肌肉的供氧增多，加速了体内毒素和废物的排出。

认真接受老师的指导，从最简单的动作开始，按要求逐渐加大动作难度。按照所建议的时间来保持某个姿势，不要产生紧张感。经过一段时间的定期练习就能达到更高水平，不要为了获得最大益处就尝试难度最大的姿势。按照自己身体的实际情况，保持当前的练习水平就会收到最好的效果。如果受生理条件的限制，如肌肉紧张、关节不灵活或旧疾等，不能练习更高一级的姿势，你也不应灰心，要相信你正从当前练习中获得益处。练习时应小心谨慎，不要强迫身体练习某些姿势。

## 在蓝天白云间翱翔

荡秋千——不用像小鸟一样展开双翅就能体验飞起来的感觉,有如在蓝天白云间翱翔,越飞越高,就像人生的目标步步高升。

很多人小时候都荡过秋千,似乎觉得这仅是小朋友的专利。长大后,看到小孩子在越飞越高的秋千上飞扬的欢笑,虽然也很怀念儿时的快乐,虽然也有些跃跃欲试,但总觉得这已经是一种远去的游戏,从而选择望而却步。

其实这种想法完全没有必要，为什么要剥夺自己享受快乐的权利呢？也没有谁规定荡秋千是属于小孩子的专利，任何年龄层次的人都可以享受这种快乐。关于荡秋千，古时便已流传，它是我国一项传统的竞技游戏。在古人的诗词歌赋中，有不少关于荡秋千的描写，如苏轼的"墙里秋千墙外道。墙外行人，墙里佳人笑"，欧阳修的"绿杨楼外出秋千"，冯延巳的"柳外秋千出画墙"等。可见，荡秋千自古以来便是男女老少皆宜的娱乐项目。

无论是为了快乐，还是浪漫，今天就用心体验一下荡秋千的感觉吧。你可以叫上一个同伴，让他帮你推动秋千，让秋千随着推力越飞越高。你可以睁大眼睛看着蓝天白云在你身边旋转，也可以闭上双眼，用耳朵聆听飞扬的风呼啸的声音，用心感受腾空飞扬的澎湃。你甚至可以把自己想象成从天而降，落入凡间的神仙，把大地变成你喜欢的景象，你的身边已经开满鲜花……

这个想象的空间是让你放松的空间。荡着秋千，会让你整个身心都沉浸在一个梦幻般的世界里，会让你的梦境充满了真实感。

# 第四章

## 每一天都是新的，对自己好一点儿

YUEMAN
YUEMEI
YUEJING
YUENUAN

## 勇敢面对，跨过去就是远方

人生总要经历许多道坎，有时候感觉真的很难迈过去，是真的迈不过去了吗？还是因为我们认为迈不过去？那么，先什么都不要想，勇敢面对这一切吧，慢慢地你会发现这一切终究会迎刃而解的。

许多人在困难出现时，退却了；在无法突破时，灰心了；更有人在没有达到预期目标时就丧失了斗志，甚至有人用放弃自己的生命来了结问题。

如果我们此时选择勇敢与豁达，先"放心"去面对，再"用心"去解决，你会发现，问题有时只是我们想象中的猛兽，一旦你带着武器反攻，它们可能成为不堪一击的泡泡，轻轻一刺，便消失了。

如果我们还可以选择，为什么不选择？那么就不要再踌躇不前了，先思考一下问题的重点，再搜集相关的、有助于解决问题的资讯，拟订解决的方案与取代的方法，然后把自己推向最重要的执行上。打破限制，突破牢笼，激发自己的潜能，成功就在眼前。

## 一笑而过，不苛求感激

人生在世，总会遇到一些不如意的事。这个时候，怀恨是魔鬼，懊恼是阴魂，唯有超然处之，不去苛求一份感激，才会使你收获内心永久的宁静，这正是人生难求的境界。

不可否认，人都有七情六欲，而人世间又有那么多不平、不幸与不公，人的情绪总是不由自主地随外界的变化而变化。也许，这才是一个正常人应有的情绪反应。我们都是普通人，不可能凡事都能做到超然于世。

人世间很多恼人事、烦人事终究是不可避免的，我们用凡人之力无法去改变，无法去阻挡。既然如此，何不用一颗平常心去看待这一切，对于别人的误解一笑而过，快乐永远是属于我们自己的。

让我们试着去学会超然处世吧，慢慢地你会发现那真的是个美妙的意境。

这样做的时候，开始可能会很难，心里总是想不通，不痛快，最直接的想法可能就是下次再也不干这种蠢事了，或者再也不理这个人了。其实没必要如此，是金子总会发光，好心也总会被人领会，只是时间问题。即使看不到误会澄清的希望，也不要灰心，更不要改变做人的原则，只要想着自己问心无愧就可以安心了。

这个人不明白，总会有其他人明白的，永远保持热心和爱心，你永远都会是快乐的。

想通了吗？是不是即使这么想了还是有点难受呢？没关系，强迫自己笑一笑吧，开始可能笑得有些勉强，不太自然，慢慢地，你真的能会心地笑出来。

## 没有到达不了的明天

世上所有困难最大的敌人是人的自信，自信让人产生强烈的成功欲望，并因此加倍努力去争取。因为自信，我们会觉得浑身充满了力量；因为自信，我们会藐视一切暂时的艰难险阻；因为自信，我们的生活会更幸福；因为自信，我们的生命会更精彩。

自信的力量不容忽视，自信是成功的必要条件。然而，自信说起来容易，做起来难。我们不能让自信仅仅停留在想象，还要让自己成为自信的实践者。要成为自信者，就要像自信者一样去行动。也许很多时候，我们总是迟迟不敢去行动，不敢踏出那战胜困难、战胜自己的第一步，而就让这些事一直拖着，让它们一直搁浅在我们的生命历程里停滞不前。

其实这就是一种逃避，一种对困难和现实的逃避，可是逃避不能解决任何问题，如果我们始终不去面对，那么这些困难就始终存在着，问题始终得不到解决，压在我们心里，甚至让我们感觉到不能呼吸了。

那么，就让我们从今天开始，拿出十二分的勇气来，切切实实地面对那些困难。把那些在心里默默下了很多次决心而又未果的事摆到桌面上来，不再给自己任何逃遁的机会和余地。

认真地部署计划，对自己说一句："我能行！"然后迈开行动的第一步，相信自己，有了第一步，就会有第二步，接下来就要迎接成功的曙光了。

## 其实你也可以的

把自己优异的一面展现出来，在自己的才能得到肯定的同时，也给别人带来了欢乐。这不是虚荣，这是内心最真实的充实感，我们的自信心有很大部分就来源于外界对自己的肯定。

联欢会，就是大家一起制造快乐，增进友谊的大会，在这里，每个人都可以尽情地展现自己最为优秀的一面，只要能给大家带来快乐，无论是什么，都可以表现出来。

如果你有某项艺术特长，比如，唱歌、跳舞、弹奏乐器等，那还等什么，赶快展现给大家看啊！不过对于大多数人来讲，可能并没有独特的才能，没关系，重在参与，哪怕只是去唱一首歌，朗诵一首诗，甚至只是讲一段话，都是你的节目。

在众人联欢的场合表演节目，其实需要的就是站上台的那一刹那的勇气，是不是感觉抬不起脚步，尤其当你对自己的节目没有什么信心的时候？其实，根本不用去多想什么，这是联欢会，而不是什么比赛，没有人会去计较你的表演会得多少分，也没有人会去比较你和某某的表现，所以你不用去担心，只要能给大家带来快乐，你就成功了。

如果你既不会唱，也不会跳，那就给大家讲一个笑话吧！如果你的知识库藏里没有现成的笑话素材，那么你就勤快一点，提前准备吧。

如果你有足够的兴致，你甚至可以表演多个节目。没有人规定一个人只能表演一个节目，这样做的目的也是给那些缺乏勇气的人鼓劲，尤其当你的表演把联欢会的气氛推向高潮时，你就是这次联欢会的快乐使者了。

## 自在事，自由人

热烈、激情四溢的狂欢对身心是绝妙的放松，当熊熊烈焰燃烧起来，你的每一个细胞都变成了跳跃的因子，颓废和疲乏都会逃之夭夭。

想去野外狂欢吗？篝火晚会是你最佳的选择。在户外找一个合适的地方，召集一群朋友，大家计划一下，要带些什么东西，吃的、用的，还有策划出一些活动形式来娱乐。

地点的选择最好是在靠近水的地方，也可以在山脚下，但是一定要注意安全，在树木多的地方，要小心引起火灾。确定地点后，就开始收集树枝、木材等可燃物，一定要多多收集，以免柴少火小，或者一会儿火就灭了，玩不尽兴。

点燃篝火后，可以在火堆上架起支架，烤一些肉、红薯之类的食品，或者煮粥熬汤。野外烧出来的食物会觉得特别的香，关键是过程的享受。大家一起互助合作，比比看谁做的食物最香，这样的过程别有一番风味。

在篝火旁唱歌跳舞是最最快乐的事了，大家可以有组织地对歌，跳集体舞蹈，还可以讲故事、说相声，或者三五成群地嬉笑打闹，真是其乐无穷。

火变小了，可以继续添柴，直到你们玩得尽兴为止。或者是你们想来个通宵狂欢也未尝不可，累了可以选择在火堆旁躺下，学原始人那样呼呼大睡。这也是你可以享受的自由。

## 退一步海阔天空

人生旅途中，前进固然可喜，后退也未尝可悲。有时候，前进一步，也许就是万丈深渊；而后退一步，也许你会发现，原来海阔天空。

你可能听过看过，或自己有这样的经历：朋友之间因一句闲话而争得面红耳赤；邻里之间因孩子打架导致大人拌嘴，老死不相往来；夫妻之间因为家庭琐事而争吵不休，导致劳燕分飞；等等。其实当我们静下心来，仔细想想这些事情，总会觉得有点可笑甚至荒谬。既然退一步可以化干戈为玉帛，又何乐而不为呢？会生活的人，并不会一味地争强好胜，在必要的时候，宁愿后退一步，作出必要的自我牺牲。要明白人生的路并不是一条笔直的大道，既需要穷追猛打，也需要退步自守，既应该争，也应该让。

明白了这些道理，那么想想自己的现实生活吧，你是否还在憋着一口气，因为某某说过一句不中听的话；你是否还在为某位同事在那次工作任务中不全力配合你而耿耿于怀。告诉自己，放弃这些无谓的计较，心平气和地享受现在的拥有，享受这份放弃的轻松和惬意吧。

## 爱不必深藏

勇敢表白，表面上看来是对爱情展开追逐，但其实是想努力找到完整的自己，即使到最后未能如愿和心仪的人在一起，却一定能够寻回自己曾经失落的部分。

爱有时不需要承诺，却需要真心表白。一份没有表白过的爱情，有如一册空白的日记，一份埋藏在心底的爱，也如同一本空白的纪念册，虽有无限的幻想和憧憬，最终的命运都是被沉默窒息，如果连开始都没有，又谈何结果？

勇敢表白，让对方明白你的心意，即使被拒绝，以后回想起来也不会后悔。因为自己曾经尝试过，也努力过。这是一段还没来得及开花的恋情，我们怎忍心让它无声地夭折？

爱，就大声地说出来，不要给自己的人生留下永远的遗憾。

如果你不敢亲口说出来，那么就用别的方式，用文字来表达，给对方一封表白的信。如果你连亲手把信交给对方的勇气都没有，那么就用电子邮件。别忘了，现在你还可以用手机短信来表达你的心意。

## 无所羁绊，尽情狂欢

孤独，是一个人的狂欢；狂欢，是一群人的孤独。如果你觉得孤单而又疲惫，就和朋友一起狂欢吧，大家一起把孤独欢送。

当工作的压力越来越沉重时，不要长吁短叹，和知心同事、同窗老友来一次快乐相聚吧！喝喝茶、唱唱歌，一身的疲劳都会在狂欢中消散。

　　狂欢,就是要忘了矜持,忘了生活,忘了自我,让身心得到一次彻底的放松。彻底放松,多么奢侈昂贵的境界,很多人都在渴盼,却又难以做到。想想看,你的生活是否充满了繁忙,每天的工作量是否过大?生活是否已经让你疲惫不堪?如果是,何不趁今天放开自我的一切,找个地方狂欢一下。

　　狂欢,当然要带上酒,和朋友一起去一个有音乐的地方。不一定非要去酒吧,你可以自己找一个场所,就只有自己和朋友,那样玩起来也许会更放松、更惬意。

　　当我们意气风发、精神抖擞开始大肆庆祝这狂欢的盛典时,可以尽情歌唱,尽情舞动,甚至尖叫,在这里没有人会说另一个人过分得像个疯子。如果想让狂欢更多一点新奇浪漫,你也可以办个化装舞会,找一间温暖的小屋,布置各种迷人的璀璨灯饰,亮晶晶的会让人迷失好一阵子,像进入了一个童话世界。所有朋友都戴上各种颜色的高帽,扮成卡通人物。当音乐响起,脚步伴随着开心的舞曲,带来的将是最热烈的气氛。

## 如果还能去追,就该不抱怨地前行

"明日复明日,明日何其多。我生待明日,万事成蹉跎。"要想不荒废岁月,干出一番事业,就要克服做事拖拉这个坏习惯。

拖拉者的一个悲剧是,一方面梦想仙境中的玫瑰园出现,另一方面又忽略窗外盛开的玫瑰。昨天已成为历史,明天仅是幻想,现实的玫瑰就是"今天"。拖拉所浪费的正是这宝贵的"今天",这样他的生活必然是:陷入焦虑,拖拖拉拉,自以为"突击是完成任务的妙法",结果,时间压力给人带来一个又一个的焦虑,天天在着急上火中生活。

让缺点合理化是拖拉者的一个最大退路,是找借口为自己开脱。也许你经常会说:"要是再有一些时间,我肯定能搞得再好点儿。"而事实是,许多事情是很早就部署下来的。

那么,今天就别再给自己找这样的借口,开始着手干吧。你会发现这其实只不过是举手之劳的事,只不过因为你的拖延,让其成了一个紧迫问题,在你最紧张的时候来抢你宝贵的时间。

既然决定动手,就不要像平时那样逃避费力气的部分,先干一些简易的琐事,让它们占满你的分分秒秒,而又把困难拖到最后再说。倘若又是这样,你必定又会重蹈覆辙,把平时逃避的困难又拖到了明天。你之所以会逃避这件事,必定是因为它其中有困难的部分。所以,你必须着手其中最困难的部分,逼迫自己不再逃避,抬起头来面对,拿出实施的勇气。等把最棘手的部分完成之后,接下来的任务就很轻松了。当然,也不要因为剩下来的任务简单,就放松精力,甚至留待明天。倘若这样,你就又陷入了拖拉的泥潭,只是这次不是因为胆怯而逃避,而是因为轻视而搁置。

最好的办法是一气呵成,把所有的问题都一次解决,不要有任何遗留。只有全部完成,才可以完全放下,让所有事告一段落。

## 成为你想要的光

智者曰:"两弊相衡取其轻,两利相权取其重。"学会选择,就是要扬长避短,用长远的眼光去规划你今天的选择会为你赢来怎样的明天。

人生一旦作出了某种选择,就不要后悔,但也不能盲目,一定要懂得为你的选择做一个长远规划,这样才能更好地为你的选择而努力付出。

任何一种选择后作出的行动，都犹如在爬树。譬如职业，一旦发现树上所结的果实并非自己所需或者上面的枝干已经腐朽时，唯一的选择就是退下来，换一棵树或者朝另一个方向继续爬。在旧树干上爬得越高的人，退下来的难度也就越大，而且越是观望等待，所付出的代价就越大，这就是选择的成本代价。所以，正确的人生态度就是想方设法降低选择的机会成本，为选择做出一个长远的规划。

为选择做长远规划的时候，不能把自己关在家里空想，必须收集相关资料，针对各种因素做详细的调查，然后认真权衡。有必要的话，还可以向有经验的人请教。

做这样的工作必须慎重，不能止于形式，必须立足现实，实事求是，也不能只是口头说说，最好认真做一份规划书，以备行动参考，将来环境发生变化时，还可以在原有的计划书上做出改动和批复。

## 不要忘记自己想要的幸福

诚实并不难，难就难在当我们面对诱惑的时候，还要保持诚实。然而，诚实会让我们得到更多。

诚实是一种美德，是一种可以感动心灵的美德，如果世界上人人都诚实，那么我们的生活便会少了许多欺骗和悲哀。然而我们无法要求别人，那么就从自己做起吧！

福楼拜曾说过："一个机会可以失而复得，可是一句谎话却驷马难追。"谎言会伤害你的灵魂，让灵魂不得安宁。

当一种能够依靠说谎而得到的利益摆在我们面前时，我们能否依然选择内心的准则——诚实，这是衡量一个人品德的重要标准。

如果我们希望自己能成为一名品行高尚的人，那么无论何时都请选择与诚实为伍。

不要以为诚实会让你失去什么，当诱惑来临的时候，不是自己的就不是自己的，靠谎言获得的幸福终究是不牢靠的，因为它已经腐蚀了你的心灵。想要幸福，想要获得更多，就不要让诱惑偷走你的诚实。

## 交换了位置，也就换了眼光

很多事情因为不是发生在你身上，所以你看不到，也想不到，因此，试着站在别人的立场上看一看吧，也许，你就会多了一些宽容与理解。

同样的状况，站在不同的角度去看时，就会产生不同的心态。

站在别人的立场看一看，或换个角度想一想，很多事就不一样了，你会更加的包容，也会有更多的爱。是的，这样很难，很多人都做不到，或是忘记了、忽略了，但是只要你拥有一颗善良的心，一颗友爱的心，就一定能做到的。

如果你想让你的世界有更多的包容和关爱，那么，你就可以做到，其实很简单，只需要暂时把别人当作自己。

尤其是与你敌对的人，站在他的立场上看看你们之间的敌对，看看你平时的态度，看看你曾对他做过的一些事，也许很快就能够理解他为何与你敌对。因为从他的角度看，你可能的确做得比较过分，让他无法理解，无法忍受。这样换角度的结果，可以让自己用另一种眼光审视自己的所作所为，避免陷入自我的泥潭不能自拔。

这是个自我剖析和自我完善的过程，如果你这样做了，你一定会发现受益匪浅。

## 原来花儿会对你笑

清代医学家吴尚先曾经说过："七情之病也，看花解闷，听曲消愁，有胜于服药者矣。"根据人的情志、爱好、性格的不同，所处的自然条件与家庭环境的不同，有选择地莳养一些适合自己的花卉品种，可以达到怡情养性、消闷解愁、陶冶情操、焕发精神、增强活力、延年益寿之功效。

赏花之时，悠悠漫步，细细观赏，芳香扑鼻，给人以乐趣，纵有千愁也会顿时尽消。若是自己学会了种植花卉，其间的乐趣，要比单纯的赏花更胜一筹。由于自己花了心思，洒下了汗水，盛开的鲜花更会给你无穷无尽的快慰之感。

想象一下，一枝艳丽芳香的月季花摆在窗前，顿时给人以生机盎然和美的感受；一丛苍郁葱茏的文竹放在案头，立即呈

现一派清雅文静的气氛；一盆芳香浓郁的兰花摆在室内，芬芳四溢，令人心旷神怡；一树密枝接挂的金橘，硕果累累于小巧中见到丰硕。花，赏心悦目优美动人；花，历来为人们视为吉祥、幸福、繁荣、团结和友谊的象征。

居家养花，乃怡情之首选。养花，还要学会选花，选择适合自己的花卉品种。走进花店，你可能会被品种繁多的花卉弄得眼花缭乱，不知从何挑起。这个时候，你可以请教花店老板或者店员，让他们帮忙介绍各种花的特征和功效，以及如何去养。如果你觉得让别人一一介绍太费劲，可以直接告诉店员你喜欢什么特征的花，你养花的主要目的，以及你能为养花付出多少时间和精力。然后，店员会根据你的描述介绍一些花种给你，这时候，你就可以根据你的感觉来选择，相信这个时候的选择应该容易多了。

养花也有养花之道，许多养花爱好者由于不得要领，而把花养得蔫头蔫脑，毫无生气。所以，养花切忌随心所欲，必须得其要领。而一要细心呵护，对这些美丽的生命应有细心和勤勉的态度，勤动脑，多钻研钻研养花的知识；勤动手，记得经常浇水施肥。二要爱心适度，对花不能爱过了头，不能经常摆弄，胡乱施肥浇水，打乱其正常生长规律。

# 第五章 不纠结过去，不忧心未来

YUEMAN,
YUEMEI,
YUEJING,
YUENUAN

## 把烦恼写在沙滩上

人一旦进入红尘中,有时在忙碌中忘了自我,忘了快乐,忘了满足,而只剩下烦恼。烦恼来自执着,来自追求,来自对尘世的这种执着的追求。其实烦恼可以像写在沙滩上的字,海水一冲就流走了。

有这样一个故事,话说有一个中年人,年轻时所追求的家庭事业如今都有了基础,但是他却觉得生命空虚,感到彷徨无奈,而且情况越来越严重,只好去看医生。医生给他开了几个处方,分四服药放在药袋里,让他去海边服药,服药时间分别为9点、12点、下午3点、5点。

9点整,他打开第一服药服用,然而里面没有药,只写了两个字"谛听"。于是,他坐下来,谛听风的声音、海浪的声音,甚至还听到了自己的心跳节拍和大自然的节奏合在一起跳动。他觉得身心都得到了清洗。他自问:我有多久没这么安静地坐下来倾听了?

到了中午,他打开第二个处方,上面写着"回忆"两字。

他开始从谛听转到回忆，回忆自己童年、少年时期的欢乐，回忆自己青年时期的艰难创业，他想到了父母的慈爱，兄弟、朋友的情谊，他感觉到生命的力量与热情重新从体内燃烧起来了。

下午3点，他打开第三个药方，上面写着"检讨你的动机"。他仔细地回想早年的创业，开始是为了热情地工作，而等到事业有成，则只顾着挣钱，失去了经营事业的喜悦，为了自身的利益，他失去了对别人的关怀。想到这儿，他开始有所醒悟了。

到黄昏，他打开了最后一个处方，上面写着"把烦恼写在沙滩上"。他走到离海最近的沙滩，写下"烦恼"二字，一个波浪很快上来淹没了他的"烦恼"。沙滩上又是一片平坦！

当他走在回家的路上时，他再度恢复了生命的活力，他的空虚无奈也被治好了！

我们不妨也把追求的烦恼写在沙滩上，让海水把它冲走。然后，学会静静地"谛听"，让自己回归自然，享受自然生存的乐趣！静坐海边，让涛声带领我们去回忆、去感受，感受家人给我们带来的温馨，感受兄弟姐妹的情谊。这时，你会发现，人生的真正喜悦是浓浓的亲情、友情、爱情！

还等什么呢？现在就出发去海边吧！

## 对挫折一笑了之

没有人会一帆风顺，人生总是充满了挫折和坎坷。真正的成功，是经历了无数次失败后的一次转折，失败就是成功之母。正确处理失败和挫折，才能迎来真正的成功。

为什么我们总是觉得离成功那么遥远，那是因为我们被困难的阴影遮住了成功的欲望。人是有欲望的动物，往往是欲望促使我们去行动，欲望有多强烈，行动的速度和力度就有多大。如果让失败的阴影阻挡了成功的欲望，我们就永远只能在失败的阴影里过活，而成功永远都只能是个遥远的梦。

所以，面对挫折，真的不必太在意，笑一笑，重拾信心，然后继续朝着成功的方向迈开大步走下去。当然，不在意不等于对失败不重视。对于失败是个态度问题，也是个如何把握的问题。正确的做法应该是在战略上重视，在战术上忽视。对于失败，我们应该认真总结出经验教训，告诫自己下次别再犯就行，而对于具体的事情，完全可以不放在心上，应该把全部的精力放到接下来要做的事情上去。

今天要做的具体的事就是让自己对着天空微微一笑，然后低下头来看看脚下正在走和将要走的路，在心里默默为自己唱一首战歌，然后甩甩头，就当把满身的灰尘抖落干净，重新上路。

## 伴你一生的是心情

伴你一生的是心情，它是你唯一不能被剥夺的财富。烦恼忧愁，开心快乐，都可以伴随生命的全部过程。生命是个过程，直面生命是一种态度。善待了生命，就是善待了自己，简单的感情，简单的快乐，放下烦恼，拥有快乐！

人生在世，每一个人都会在自己的哭声中到来，在别人的哭声中离去。有时我们因欲望而感受人生之累，为欲望而感受人生之短暂。也许我们懂得烦恼来自我们自身,来自我们自己的人生欲望。人生短暂,容不得我们常与烦恼纠缠,不能让烦恼伴随着自己去迎接崭新的太阳。

在平凡的生活中,不经意的来来往往,我们要对什么事都感觉新鲜,使生活充满乐趣。有心情的时候,我们可以随意写些文字,用文字叙述一下自己的心情;想念的时候,可以和朋友通通电话,说说生活中的趣事;也可以上网和网友聊聊天、听听音乐,有时间还可以看山以静神,也可以观海以开阔心胸。就让我们以一种普通人的目光看待世界,不为昨天的失意而懊悔,不为今天的失落而烦恼,不为明朝的得失而忧愁,知足常乐,随遇而安,凡事顺其自然。我们要喜欢这种恬然宁静的心境,享受这种简单而平静的平淡生活。

生活在这纷扰喧嚣的世界,有时真的需要有自己独处的空间,可以放飞自己的心灵,什么都可以想,什么都可以不想。一人独处,静美随之而来,清灵随之而来,温馨随之而来;一人独处的时候,贫穷也富有,寂寞也温柔。

可以漫步到江边,伫立在无声的空旷中,感受一份清灵。让心灵远离尘嚣纷乱的世界,默默地体验花香,聆听鸟鸣。欣赏自然带给我们的乐趣,静静地沉浸在自己的遐想中,不要谁来做伴,只有自己,而在这时我们是最真实的。抬头仰望天边云卷云舒，让心儿随着自己无边的思绪飘飞。此时，这个世界属于我们，我们也拥有了整个世界。

可以捧一品香茗，在氤氲的缭绕中慵懒地翻阅一本好书。让自己在这份难得的宁静中，去书中解读关于生活，关于情感的文字。此刻，孤独成为一支空灵的竹箫，悄悄地流淌着轻柔的曲调。可以被书中的人物打动，静静地流泪。这时的我已卸掉了生活的面具，返璞归真，不带任何伪饰的成分；抑或是微笑，这笑也是甜甜的，是久蓄于心的一份无法表达的秘密。

可以播放轻缓的温柔的《小夜曲》，静静地赖在床上，什么都不想，只让自己沉浸在这精心营造出的氛围里。让身心此刻回归本真，默默地享受音乐带给我们心灵的栖息。让音乐来诠释我们对浪漫的渴求。

无论生活多么繁重，我们都应在尘世的喧嚣中，找到这份不可多得的静谧，在疲惫中给自己心灵一点小憩，让自己属于自己，让自己解剖自己，让自己鼓励自己，让自己做回自己……

放下烦恼是一种美丽的真实！放下烦恼是一种真实的美丽！

## 没有过度的期望，便没有没完的失望

  梦想的实现，贵在坚持，但也要看追逐的路途是否太遥远、太崎岖，甚至是否方向不对，以致无法到达目的地。放弃不合理的梦想，是一种钻心的痛，但为了能够更好地生活，我们必须学会忍痛割舍。

  梦想也要建立在现实的基础上，这样才有实现的可能性。但人们若站得太高，看得太远，这只能一路追逐梦想的影子，而始终抓不住、摸不着，还把自己累得筋疲力尽。如果是这样，何不干脆放弃那些根本追逐不到的梦想，重新建立一个更有现实意义的梦想呢?

　　强迫自己忘记那遥远的美好,那看不清楚的美好,收回你那因伸得太长而发酸的脖子,放低你那因抬得太高望得太远已有些发痛的双眼。告诉自己,那不属于自己,那只不过是你生命中的一个幻影,用虚幻的美丽诱惑着你,让你在迷途中劳累自己的心灵。所以,明智的我们,必须学会迷途知返,放弃这些沉重的包袱。

## 别把时间浪费在无意义的事上

　　人生就像一只在春天里忙碌的蜜蜂,为了自己,为了人们能够得到香甜的蜂蜜,而忙碌着。怕就怕一不小心采摘到有毒的花粉,而毁了自己的一生。

　　你是否觉得你每天都在忙碌不停,为工作,为生活,为其他很多很多的杂乱无章的事。这么多事你都忙出头绪来了吗?是不是每件事都是你必须或者应该去忙的事?是不是每件事都对你的人生,对你的日常生活有或多或少的意义?这里面肯定有一些事把你的生活搅得一团糟,把它们都揪出来,停止对它们的操心和劳累,把它们抛到你的生活之外。

可能你不是很清楚什么事是你不该忙的，反而把一些你应该做好的事丢在了一边。比如你为了挣一份外快把自己的本职工作给耽误了，恐怕这就有点得不偿失了吧。又比如你很关心某人，为他做各种事，操各种心，说不定人家自己早有打算和安排，你的这些付出对他而言没有任何意义，你说你这不是白忙一场吗？

仔细想想，你的生活中这样类似的事情有哪些？如果有，赶快停止吧，越早停下来越好！

## 生活不需要附加的装饰

生命如舟，载不动太多的物欲和虚荣，怎样使它在抵达彼岸之前不在中途搁浅或沉没？我们是否该选择轻载，丢掉一些不必要的包袱，那样我们的旅程也许会多一份从容与安康。

有时我们拥有的内容太多太乱，我们的心思太复杂，负荷太沉重，烦恼太多。诱惑我们的事物太多，会大大地妨碍我们，损害我们。

人生要有所获得，就不能让诱惑自己的东西太多，心灵里累积的烦恼太杂乱，努力的方向过于分叉。我们要简化自己的人生。我们要学会有所放弃，要学习经常审视自己，把自己生活中和内心里的一些东西断然放弃掉。

　　仔细想想你的生活中有哪些诱惑因素，是什么在一直干扰着你，让你的心灵不能安宁，又是什么让你坚持得太累，是什么在阻止着你的快乐。把这些让你不快乐的包袱通通扔弃吧！只有放弃我们人生田地和花园里的这些杂草害虫，我们才有机会同真正有益于自己的人和事亲近，才能获得适合自己的东西。我们才能在人生的土地上播下良种，致力于有价值的耕种，最终收获丰硕的粮食，在人生的花园采摘到鲜丽的花朵。

## 断了束缚的绳，才能自由飞翔

　　当我们坚守一样东西的同时，也在失去更多的东西，当新的机遇来临的时候，我们有没有问过自己，我们的执着是否值得？当执着变成一种固执，是什么在束缚我们的心灵自由飞翔？

　　大多数人都是一边自己放弃机会，一边又怪罪机会不降临在自己身上。放弃是因为我们心中有自己坚持的东西，仔细想想，是什么让我们如此放不下？

　　内心的那份欲望与执着，使我们一直受缚，也许我们并不快乐。告诉自己,如果我们可以放弃一些固执、限制,甚至是利益,这样反而可以得到更多。

放下一些自己很在乎的东西,的确很难,尤其当你坚持了很长时间,而这几乎变成了生活中的一种习惯,但是你并不快乐,可是又在渴望快乐。也许,你唯一要做的,就是将双手张开,轻轻吐一口气,把心思放在那些对自己真正有意义的事情上。或者干脆断绝我们继续坚持的一切线索,比如你的心里一直放不下一个人,就狠狠心删掉这个人的一切联系方式,让自己再也无法与他联系。真的,放下无谓的执着,就能逍遥自在了。

## 别和往事过不去,因为它已经过去

很多时候,人的痛苦来源于一些不好的记忆,过去的已然过去,何不学着放弃那段记忆,学着遗忘,快乐就会重新回到我们身边。

遗忘,对痛苦是解脱,对疲惫是宽慰,对自我是一种升华。在人生的旅途中,如果把什么成败得失、功名利禄、恩恩怨怨、是是非非等都牢记心中,让那些伤心事、烦恼事、无聊事永远萦绕于脑际,在心中烙下永不褪色的印记,那就等于给自己背上了沉重的包袱、无形的枷锁。这样你就会活得很苦很累,以致精神萎靡,心力交瘁,而生命之舟就会无所依存,就会在茫茫的大海中迷航,甚至有倾覆的危险。如果我们善于遗忘,把不该记住的东西统统忘掉,那就会给我们带来心境的愉快和精神的轻松。正像陶铸同志所说:"往事如烟俱忘却,心底无私天地宽。"

遗忘是一种能力,一种品质。要学会遗忘,经常进行自我心理调节,想大一点,想远一点,想开一点,从名利得失、个人恩怨中解脱出来。对已经过去的无关紧要的事物,要糊涂一点,淡化一点,宽容一点,朦胧一点,及时将这些东西从大脑这个仓库中"清除"出去,不让它们在记忆中占有一席之地。

学会遗忘吧!放下过去那日益沉重的包袱,轻装上阵,精力充沛地面对现在,信心百倍地去迎接未来,就能开拓新境界,创造生命的亮丽风景线。

## 动之以情,晓之以理

动之以情,晓之以理,说服一个人需要花费很大的精力和时间,因为说服不能强迫,而需要让别人心悦诚服。

在你小的时候,你也许听过这个故事:北风与太阳打赌说,它可以吹掉一个人的大衣。太阳答应和它打这个赌。于是北风使劲地吹啊吹,而那个人更用力地将大衣裹在自己身上。不管北风刮得多猛烈,它只能使那个人将大衣裹得更紧。最后,北风放弃了。太阳说:"我知道该怎么做。"太阳开始将温暖的阳光洒在那个人身上。几分钟后,那个人慢慢松开了大衣。接着,太阳更温暖地照耀着这个人。最后,那个人将大衣完全脱掉。凭着自己的温暖,太阳很快做到了北风竭尽全力也做不到的事情。

这就是原则：说服人们最容易的方法是帮助他们得到他们想要的东西。

不管你多么能说会道，不管你有多少事实与数据支持自己的观点，如果人们不想做某件事情，你是无论如何也说服不了他们的。所以，说服人们实际上是一个找到人们喜欢什么、需要什么、想要什么的过程。所以，想要说服某人做这件事，那么就试图从这件事中找到此人感兴趣的部分，或者通过你的劝说，让他对这件事产生兴趣，这才是关键所在。

征服、口若悬河、操纵人们，这些都不是说服。它们只是控制人们的不同方法。说服人们就是与人们想要的东西达成一致意见，然后帮助他们找到得到这些东西的方法。这样，所有人都可以赢。如果有人没有赢，他就不会心悦诚服。

关注对方的肢体语言，当他谈到自己想要的东西时，他会以某种特殊方式"明亮"起来。他似乎变得更有能力，更有活力。当这种情况发生时，隐含的信息就会明朗起来。

留意对方的用词，当他说"问题在于……"这些话语的时候，他正在告诉你他们有一种需要。例如，如果他说"问题是我们没有时间做其他事情"，那么他正在告诉你，他们需要给自己更多的时间。

当有人说"我真希望我可以……"的时候,他正在表现出一种需要,你就应将谈话转到那个方向去。

品味对方的埋怨,每一个埋怨的背后都隐藏着一个秘密的渴望。如果你能学会将人们的消极话语翻译成它所对应的积极话语,你就会知道人们想要什么,而知道人们想要什么是说服他们的金钥匙!

## 人生总有一段弯路要走

一个人要想成功,理想、勇气、毅力固然重要,但更重要的是,在错综复杂的人生路上,如遇到迷途,要懂得舍弃,更要懂得转弯!

我们都知道理想对于我们人生的重要性,人不能没有理想,可是常常有人为理想倾注一生心血却仍旧一事无成,不得志的我们是否想到理想也可以转弯。

可能你从来没有想过这个问题,或者对理想很执着,那就耐心地劝劝自己,认真分析利弊,分析理想的现实意义,坚持到底值不值得。有没有想过自己可能真的在某一方面不是很擅长,这可能不是你的优势所在,要知道,每个人的智能都不会

是均衡发展的，人人都有各自的强项和劣势。人生中所经历的失败，并不是因为我们努力得不够，而可能因为我们暂时还没有找到最适合自己走的那条路。所以，当我们为了理想而努力，在错综繁复的人生路上迷途、碰壁的时候，要学会转弯，并随时校正自己的理想，因为有些理想未必就适合我们，只有最适合你发展的路径，才是你真正的理想。

## 那些细小的声音，宛若生命的救赎

人都会犯错误，对待错误的态度常常显示一个人的品格。敢于忏悔，勇敢地面对自己的错误，才不会被错误玷污了你的灵魂。

在人们意识的深层，埋藏着一种叫"忏悔"的种子。正是这种种子，使人们明白了什么叫勇气可嘉，明白了什么叫诚实可贵。

忏悔是一种勇气，一种敢于面对自己、面对人生、面对社会，充满责任的勇气。只有当一个人把推进社会进步作为己任时，才有可能毫不留情地批判自身；只有坦坦荡荡地把胸襟敞开时，才能算得上一个真正的人。从这个意义上讲，忏悔是高尚的，也是坚强的。忏悔者没有一丝羞怯，因为真诚和使命感已经成为他力量的源泉。

忏悔的第一步就是要想想自己曾经做过什么错事。敢于承认自己的错误是开端，不要只是在心里暗暗想想就完事，而要认真地用纸和笔记下来，一件一件地列举出来，然后在每一件事后面写下自己的点评和感想。当时过境迁之后你是否变得成熟，当下次遇到这种类似的事的时候你是否还会再犯，这一切都要看你此时的表现，看你自我忏悔的深度。

这种高贵的、优秀的、不同凡响而又无比挚诚的忏悔，使我们不断超越自己，不断前进。这不是在祈求原谅，而是在对过去进行理性分析，这种分析是一个曲折的扬弃过程。

所以，冷静地回头想一想，好好忏悔一下曾经的过失，对我们以后的人生是一种鞭策、一种激励。

## 曾经吃过的苦，会成为未来的路

人们常有一种"托付思想"，就是将自己的命运托付给别人或是外力掌控。这种"托付"有时是主动的——因为掌控不易，而干脆放弃掌控，懒得掌控；有时是被动的——因掌控不了，无奈之下，不得不放弃掌控权；有时却是不知不觉的……

有这样一个故事,一个小孩抓住了一只小鸟,问一位人人都尊称为智者的老人:"都说你能回答任何人提出的任何问题,那么请您回答我,这只鸟是活的还是死的?"老人想了想,他完全明白这个孩子的意图,便语重心长地说:"孩子啊,如果我说这鸟是活的,你就会马上捏死它。如果我说它是死的呢,你就会放手让它飞走。你看,孩子,这只鸟的死活,就全看你的了!"

智者给我们这样的启示:每个人的前途与命运,就像握在手里的小鸟一样,成败与哀乐,完全掌握在自己的手中。

怨天尤人会让你失去很多奋斗的机会,失去很多自我掌控命运的能力和机会,如果你还在继续,停止吧,收回你原本的权力,用自身的努力掌控自我的命运。所以,给自己一个自信的微笑,勇往直前地做自己想做的事,相信自己,只要你肯努力,就一定会成功。

## 不要将友谊丢弃在被遗忘的角落

不要靠馈赠来获得一个朋友。你需贡献你真挚的爱,用正当的方法来赢得一个人的心。友谊也需要细心的呵护和经常的问候,不要因为忽略而把友谊丢弃在被遗忘的角落。

不知你有没有发现,大部分人在某一阶段都有某一阶段的朋友,经常联络的除了极个别的挚友,也只有此时此刻的一些朋友,而那些已经时过境迁的朋友,也许大部分只是留下了一个电话号码保存在了电话本里。朋友如果久不联系,真的就会遗忘的。

今天留出一些时间,其他什么事都不做,专门用来给一些久未联系的朋友送出友好的问候。拿出电话本,一个一个仔细地对照,看看哪些朋友已经太久没有联络了,想想最后一次联络是什么时候,是因为什么而联络,彼此都说了些什么。这样的朋友也许比较多,加上时间比较久远,一时间也想不起那么多,没有关系,能想起多少是多少,回忆的空间能让你找到一点友谊的温情,激起你想知道对方近况的急切心情。

按照电话本里记录电话的顺序一个一个问候,问候很简单,不一定要说什么惊天动地的大事,也不要因为有事找别人才想起问候,这样的问候太功利,会让人心存芥蒂。所以,今天的问候只宜简单,表达你对对方的关心和祝福即可,如果你真的有事,也最好留作下次联系再说。

可能有些朋友的电话号码已有变化,而没有及时通知你,如果有人的电话打不通,做下记号,留作事后再想办法询问;还有些人此时电话忙,也要做下记号,等联系完其他人再回过头来继续拨打,千万不可搁置一旁,不再理会。我们做一件事就要尽力做到圆满,要用诚心来做,尤其是对待友谊,千万不可敷衍,不可功利,否则,就会滑出友谊的轨道。

# 第六章
## 没有不快乐的事,只有不快乐的心

YUEMAN,
YUEMEI,
YUEJING
YUENUAN

## 善意的，好心的

与人交往贵在"坦诚"，真诚会让人心里坦荡荡，放心交往。然而，有时候，真诚会"刺"到人柔弱的心灵，这时不如换个方式，善意的谎言也是一种真诚。

一些直爽的人，喜欢实话实说，常常让人觉得太过莽直，锋芒毕露。但是，人无论处在何种地位，也无论是在哪种情况下，都喜欢听好话，喜欢受到别人的赞扬，不愿听到伤害自己的话。

为人必须有锋芒也有魄力，在特定的场合显示一下自己的锋芒，是很有必要的，但是如果太过，不仅会刺伤别人，也会损伤自己。

面对某人的脆弱，不如说个善意的谎言，如果你觉得真实的情况可能会让他无法承受，或者真话说出来没有任何好处，无论对谁都是有百害而无一利，那么，你又是何苦呢？

也许，你的谎话反而能给对方一些安慰，一些鼓励，一些动力，一些自信，会使对方重燃激情、重新找回奋斗的勇气和魄力。

只要不是恶意的欺骗，只要是出于善心，只要是为了帮助对方，没关系的，上天都会感激你的善良。

## 微笑是世界上最好的东西

对人微笑是一种文明的表现，它显示出一种力量、涵养和暗示。微笑是一种宽容、一种接纳，它缩短了我们彼此的距离，使人与人之间心心相通。

如果说行动比语言更具有力量，那么微笑就是无声的行动，它所表示的是："我很满意你，你使我快乐，我很高兴见到你。"笑容是结束说话的最佳"句号"。

卡耐基说:"笑容能照亮所有看到它的人,像穿过乌云的太阳,带给人们温暖。"的确是这样,喜欢微笑着面对他人的人,往往更容易走进对方的心底,微笑是一个人好意和友善的信使。

那么,今天就对你身边的每一个人微笑吧,这样保持一整天。不要等着别人对你表示善意,要先对别人表达你的好意。如果你没有表达错误的话,认识你的人会对你的改变感到惊讶,而不认识你的人也会认为你是一个特别温和、友善的人。

## 于匆忙中转身回望

重温昔日的美好点滴,心系一份美丽的心情,细细品味,品味那一瞬间的感动,品味那一刹那的惊喜,品味那铭心的痛、那苦涩的忧虑、那开心的笑,那是种难得的惬意。

回忆是美的,也可以与人分享,比如找个人和你一起共同回忆过去的某个日子。这个人可以是那天和你共同经历某件事的人,也可以是另外一个。

如果是那天和你共同经历某件事的人,你们共同回忆那天的场景,你一言我一语,共同描述当时的情节,然后说说当时自己的心情,以及现在的感受。从回忆中你们有什么样的启示和感悟也许是最重要的,回忆不能仅仅停留在过去的某一点,毕竟过去的已经过去,回忆是为了怀念,更是为了前进。

这种回忆的过程,会让你们找到你们感情的轨迹,感情也会在这种回忆中慢慢沉淀,甚至升华。

如果这个人和你没有什么共同的回忆,过去的时间里彼此还没有在对方的生命里出现过,那么,你们可以约定一个过去的时间,各自回想一下那个时间你们都在做什么。这样回忆的过程很有趣,也许你们在做类似的事情,然后会感叹缘分的奇妙;也许你们在做非常迥异的事情,你们也可以从对方的人生轨迹中感叹生活的瞬息万变,从而激发与时俱进的动力和决心。

## 设身处地为人,将心比心待人

多一些宽容,人的生活中就会多一份阳光,多一份温暖。宽容别人就是解放自己。只要我们远离妒忌和怨恨,就会远离痛苦、绝望和愤怒。

"宽恕"就是对别人的过错能有所包容,也唯有心胸开阔的人才做得到。心胸开阔的人,会适时体谅别人的难处,宽容别人的过错。

就好比自己犯了过错，心中难免懊悔，总希望别人能原谅自己，能有补救的机会，从此不再犯错。将心比心，别人何尝不是这样想呢？如果我们能设身处地去体会别人渴望得到宽恕的心境，就能领悟到"宽恕"的意义和价值了。心胸开阔的人，不但能安抚别人不安的心，更能提供给不小心犯错的人补救的机会。

把你的宽容告诉对方，并鼓励对方不必再为过去的事难过，只要懂得从过去的失败中吸取教训，以后不再犯就好。

有位哲人说："教育的十之八九是鼓励。教育不是填鸭式的喂食，而是点燃心中的智慧火种。"这告诉我们：宽恕来自一种善念。这善念将成就一个真、善、美的世界。

宽容别人的过错，对方定能感受到你的善念，从而勇敢地面对过去，迎接未来。

## 用真心化解，用爱心面对

冤家宜解不宜结，与人相处，难免有矛盾和冲突，关键要及时化解，用爱心面对，学会尊重和沟通，误会将无处藏身。

沟通是化解矛盾的最佳手段，因此你得想办法让这两个心存积怨的人，能够心平气和地坐下来沟通。这恐怕得要你事先做点准备工作。

　　首先，你可以分别找他们聊聊，有意识无意识地探听各自对对方的看法和对这件事的态度。通过和两方的聊天了解事情的来龙去脉之后，分析一下积怨产生的原因，这里面可能隐藏着一些误会。然后你再分别找他们谈谈，这次要有针对性，就两人的关系入手，发表你对事情本身的看法，站在旁观者的角度很公正地去看事情本身，然后客观对另一个人的为人作出评价。这样做主要是为了澄清误会，消除彼此之间的积怨，等到两人态度开始缓和，再提出让他们见面聊聊的建议。

　　或者你见两人情绪和态度都差不多变得平缓，就可以分别将两人约出来，事先并不说明，然后你做一个和事佬，让二人握手言和，之后你可以找借口离开，给两人交流沟通的空间。接下来你就不必做什么了，因为你的工作已经完成。

## 每一个人都有自己的芳香

社会是一个舞台，也是一个竞技场。人生是表演，也是奋斗。每个人都需要别人的关注、喝彩和鼓掌，就像需要批评一样。如果只有沉默，那生活就一定会索然无味的。

在社会生活中，每一个人都渴望得到别人的欣赏，同样，每一个人也应该学会去欣赏别人。欣赏与被欣赏是一个互动的过程，欣赏者必须具有愉悦之心、仁爱之怀、成人之美的善念。因此，学会欣赏，应该是一种做人的美德，肯定了别人也是肯定了自己，诚如爱默生所言："人生最美丽的补偿之一，就是人们真诚地帮助了别人之后，同时也帮助了自己。"

认真欣赏你身边的某一个人，欣赏你的同事，你和同事之间会合作得更加亲密；欣赏你的下属，下属会工作得更加努力；欣赏你的爱人，你们的爱情会更加甜蜜；欣赏你的孩子，说不准他就是一个英才……

欣赏别人不是让你去阿谀奉承，它应出于真诚，是对别人人生意义的肯定，是一种高尚的情操，是一种现代人应该具备的修养。欣赏不是让你说出多么华丽的赞美辞令，其实，几下掌声，几句赞誉，或者一个眼神、一个微笑也可以。但别人却会从你的欣赏里得到对自我的肯定，得到了鼓励、欢乐、信心和力量。

欣赏别人，是善待他人的一种方式，是以人之长补己之短的明智之举。就在我们欣赏别人的同时，这个世界在我们的眼中也变得更加美丽。

培根说："欣赏者心中有朝霞、露珠和常年盛开的花朵，漠视者冰结心城、四海枯竭、丛山荒芜。"让我们在生活中多一些欣赏吧，欣赏是一种给予，一种馨香，一种沟通与理解，一种信赖与祝福。人人彼此欣赏，世界就充满了温暖与生机！

## 梦想有多美好，未来就有多美妙

花儿是春天的诺言，潮汛是大海的诺言，远方是道路的诺言。世界因为信守了许多大大小小的诺言，肃穆而深情。遵守诺言是一项重要的感情储蓄，违背诺言是一项重大的支取。导致情感储备大量支取的莫过于许下某个至关重要的诺言而又不履行这一诺言。

也许你并没有想过要逃避自己曾许下的诺言,只是总缺乏履行的动力,而一再拖延。今天就别再给自己找任何借口了,哪怕履行起来有点难度,如果轻松即可完成,那又何须通过承诺来向别人保证呢?

首先认真回忆一下当时你是怎样许下诺言的,你对别人保证过什么。诺言的实现不能偷工减料,你说过你要做什么,做到什么程度,都要一一按约定完成。

然后部署一下你的行动,既然许下诺言,就要做到最好。完成这个行动需要什么样的条件,需要什么人的帮助,需要你付出怎样的努力,你能做到多少,这些都要认真考虑清楚。

把完成这个承诺的行动当作自己的事情来做,尽心尽力,心甘情愿,摒弃抱怨和厌烦情绪。遵守诺言是一种责任,是一种精神，也是一种情操，这不仅是为别人，也是为自己，为自己的人格修养付出努力。

## 不完美，才美

谁都知道世界上不存在十全十美，明知是不存在的东西，为何还要千方百计得到，为此所付出的努力也只会付诸东流。

完美，的确是很美好的一种境界。但是，要知道，人在追求一样事物时，不可太过偏执。我们在追求"完美生活"的同时，不可失去自由，否则就体会不到生活的快乐和释然，反而让光阴白白流逝。其实，追求完美的结果，就是自己制造了一个思想枷锁将自己束缚，给自己层层设卡。

学会放弃完美吧，因为我们的确不是完美无缺的。这是一个令人宽慰的事实，越是及早地接受这一事实，就越能及早地向新的目标迈进，这是人生的真谛。

因此，不要再埋怨生活中的一些残缺，比如，你可能觉得自己长得不够漂亮，脑子不够聪明，或者没有钱过好日子，没有一份好工作等。想想你所拥有的吧，十全十美的生活是没有的，你应该想想你至少还有几分美，剩下的那些没有的，或许你还可以努力去创造，这就是生活的乐趣与动力啊。如果你什么都有了，那你活着还有什么可奋斗的，还有什么可追求的，没有理想与目标的生活该是多么的空虚无聊啊！所以，你应该庆幸你的生活还有残缺，还有你可以去追求的东西。

现今是一个理性极强的时代，完美虽然达不到，但我们可以做到"没有最好，只有更好"。

让我们放弃完美，努力求实吧！

## 漆黑的夜空总有闪亮的星

人只有相信一些东西，才会真的感觉到它的存在，哪怕生活中的美好只是一个遥远而模糊的印象，你也要用你纯净的心使它变得清晰。

蚂蚁曾经对大象说：请你相信生活是美好的！因为你是那么强壮，能够轻易地搬动一块石头。小草曾经对大树说：请你相信生活是美好的！因为你是那么的高大，能够最早看到美丽的阳光。麻雀曾经对雄鹰说：请你相信生活是美好的！因为你是那么的有力，能够翱翔在蓝天白云之际。

请你相信一些美好的存在，尽管在你我的身边总有一些不尽如人意的地方，请把你的眼光移开，不要专注于那些痛苦哀愁、烦恼忧伤。换一种眼光，换一种心情，去看看生活中那些开心的事，那些感觉到希望的事，你难道不觉得生活是美好的吗？

不要总是心存疑虑，因为你的信任会美化所有的瑕疵。当你无端地猜测许多看似完美的东西，不顾一切地寻找真相时，你会更难过！那我们最好不要那么做，不是吗？与其找到了残缺的真相而失望、心痛，还不如带着满足的微笑欣赏那些尚存的美好！有时欺骗也是很美好的！不是我们丢失了寻找真相的勇气，而是我们生活中的一切本来并不完美。

相信美好是存在的，这不是懦夫所为，而是懂得了一份可贵的美丽。我们也许为了别人的快乐放弃了自己的求真，那样并不是错误的，而是成就了一种善意的幸福。也许我们无法正常地理解这种幸福，那是需要细细品味的。我想我们都要学会成全、学会放弃，那样的生活或许会更美好的。

当我们不断地执着于一些早就名存实亡的事物时，那不如早点放弃这样无谓的牺牲。放弃其实也是很美丽的。我们要正确地对待一切事物，该执着固然要努力追求，而对于一些早已磨灭的东西我们该放在记忆的盒子里，当作一种奇异的珍宝收藏。生活本该是美好单纯的，不要让它复杂！

请相信一切都是美好的，不要去扭曲它的姿态，相信生活就这样——如朝霞的绚烂，如海的广阔，如露水的晶莹。

## 我们都被这个世界温柔地爱着

我们每个人都有一本生活词典，上面写满对自我的认识和评价。当我们翻看自己的词典时，自卑总会不失时机地映入眼帘，让我们忘了其他的词汇。自卑的人常会因为痛苦而把自己看得太低，并在这种痛苦中无法自拔。我们每个人都需要每时每刻和自己的心理疾病进行斗争，这场斗争是持久的，是艰辛的。必要的时候，不如给自己一点积极的心理暗示，一切便会迎刃而解。

有这样一个故事，一天，有位客人到法国药剂师鲍德恩处买一种要医生处方才能出售的药物。客人没有处方，但他非要买到那药物。鲍德恩没有办法，但又不能违法卖药。他灵机一动，给了那客人数粒完全没有药性的糖衣片，并告诉他这是他要的药物，还将它的效力大大夸了一番。然后将客人打发走了。数天后，客人回到药房，大大地感谢了鲍德恩一番，说是鲍德恩的"药"治好了他的顽疾。

看到了吧，这就是心理暗示的伟大作用。给自己多一点积极的暗示，告诉自己生活是美好的，烦恼是暂时的，希望是永恒的，自己是最棒的。相信自我的鼓励会给你一股神奇的力量，让你可以赶跑一切烦恼忧愁，战胜一切艰难险阻，永远自信快乐地生活、成长。正如鲍德恩的"药"一样，"药"赋予了病人潜意识的心理力量，我们也可以在自己潜意识这一座肥沃的田园上播撒美丽果实的种子，那么一切杂草就不会再在这儿蔓延生长了。

## 在该绽放的时刻尽情怒放

我们每一个人都可能获得自己的天堂，关键是你想不想去获得，敢不敢去获得，会不会去获得，怎样去理解和认识这种获得。一个答案在耳边响起：勇敢付出，为梦想跨出第一步。

很多事情不是你不想去做，而是你不敢去做，因为你害怕失败，因为你还没开始行动就认为自己不可能成功。每个人应该都有这样的隐藏在心底的梦想吧！比如，你想做一名歌手，但从来不敢在大庭广众唱歌；你想当一名作家，但你从来不敢投稿；你想做一名服装设计师，但你从来不敢拿着你的作品去参加任何的比赛；你想做一名新闻主播，但你从来不敢站在演讲台上……所有的这一切，都源于你缺乏自信，也不敢付出。也许你现在的水平离实现你的梦想还很遥远，但是，你真正害怕的，其实是为实现梦想所要付出的艰辛，因为你觉得，那实在遥不可及。

其实，你错了，任何事情没有真正尝试过，谁也无法预料它的结果。起码，你可以先跨出第一步。勇敢地跨出第一步，起码可以让你清楚地看到你真实的水平。如果你想唱歌，就勇敢地大声唱出来，说不定会赢来鲜花和掌声；如果你想写作，就勇敢地把你写的东西投递出去，说不定你会等到一个惊喜；如果你想设计服装，就勇敢拿着你的作品去你梦想的单位应聘，说不定你会从此踏上你梦想的职业生涯；如果你想播报新闻，就勇敢地站在演讲台上大声朗诵一次，说不定你会让自己都觉得惊讶……

不要再犹豫了，拿出你的勇气来，大不了从头再来。

实现梦想并非遥不可及的事，只要勇敢地跨出第一步，就会离目标越来越近。

## 见证美好的爱情

传说，伴郎（伴娘）将是下一个结婚的幸运儿，所以，尚未婚娶的你，不要错过机会，当一次伴郎（伴娘）吧。

伴郎、伴娘算是婚礼上最重要的工作人员，他们应该是新人最值得信赖的朋友。在婚礼上，伴郎、伴娘要照顾到方方面面的事情，你和新娘、新郎的关系到底有多铁，在这种时候就完全体现出来啦！不管怎么说，他的婚礼上你是全场陪同他们的伴娘或伴郎，虽然累点、麻烦点，可比光来吃一顿要好玩多了。你要时刻保持清醒的头脑，当喜欢八卦的客人要求你把新娘或新郎过去爆料的事讲出来的时候，千万得认清什么是最后的底线，如果是无伤大雅的段子可以拿出来适当调节一下气氛，但某些关键性的问题可是要做到打死也不说。

有时候，和新娘关系特别亲密的伴娘会肩负着一个非常重大的新任务——代收礼金。作为朋友的伴娘，你要眼明手快。无论什么方面的亲戚或朋友到场的时候，都要陪着新娘一起上前迎接和感谢，通常这个时候他们的礼金就递过来了，你总不能让正美美地穿着华丽婚纱的新娘来拿吧。一般要么是你，要么是新娘的妈妈，会专门准备一个小红包放在身边，用来暂时存放礼金，但因为新娘妈妈要照顾很多亲眷，跑前跑后忙得不得了，所以一般由伴娘来承担这个责任。婚礼的现场是热闹而稍带混乱的，你必须保持清醒，时刻严守自己的职责。

如果你是伴郎，你要做的是让所有人知道你朋友在遇上他的心上人之前是一个怎样的好小伙，你知道朋友单身汉时快乐或不快乐的场面，甚至是一些可笑的事。婚礼那天，你的任务就是告诉新郎和新娘的亲戚朋友，新郎是一个多么优秀的青年，他不仅是一个好朋友、好儿子、好学生，而且也能够对各种场面应付自如，最好是既有动情的回忆，又适时开些过去的玩笑。

一旦你说明了你是新郎的最好朋友，就可以趁机搞些幽默，扮扮相，讲讲你和朋友一起干过的坏事……当然不是什么真的坏事……你们一起时有趣的插曲，如第一次做什么事，认错人

的事,旅游冒险之类的故事,小故事应该短而有趣。

祝福,最后以新郎最好的朋友身份告诉新娘她作了最好的选择,如果你和新娘很熟的话,就说新郎、新娘的结合完美无缺。非常希望能继续和新郎及新娘保持友谊,这点很重要,因为这样你才能吸引观众,保证你和朋友蜜月后的友谊。

## 第七章 世上千寒，心中永暖

YUEMAN
YUEMEI,
YUEJING
YUENUAN

## 爱是用心，不敷衍

爱是件让人幸福的事，无论是获得，还是付出，都是一种享受。为爱付出，在生活的点点滴滴中用心投入。

送爱人礼物，相信是每一个沉浸在爱河中的人都做过的事，每个人送的礼物各不相同，都是为爱人精心挑选，但你有没有试过亲手为所爱的人做一件礼物呢？

亲手为所爱的人做一件礼物，不在乎做得多么别致，只要是你用心去做的，对爱人来说都是莫大的幸福。想想你能做什么，织一双手套、做一顿丰盛的晚餐、制作一个随身携带的幸运符、折几个幸运星，等等。哪怕只是写一首诗，编一个花环，制作一个小玩偶，不要觉得可笑，也不要觉得幼稚，不要以为这是少男少女们才玩的小游戏，即使相处得久了，平淡的生活也需要制造一点浪漫，这样生活才会有情调。

亲手为爱人做一件礼物，不要在乎形式，每个人都有每个人的方式，也许你和你的爱人有你们之间独有的默契，相信你会做得很好。

## 爱是贴心的暖

你身边的每一个人都有自己的心愿，你或许没有精力去关注，但有一个人的心愿你却无法忽视，那就是最爱你的那个人。

如果你们有默契，或许你心中已经明了对方的心愿，一直想着有一天为他（她）实现这个愿望，只是总是明天复明天。如果是这样，就让今天成为一个圆梦的日子吧！如果这个梦想非一日所能成就，那么就从今天开始。

如果你平时太过忙碌，没有时间去关注对方的心愿，那么你可以大大方方地告诉对方："亲爱的，你有什么心愿啊？今天是个圆梦的日子，你要抓住机会啊！"很多时候，爱人的心愿往往是很简单的，比如，只是想让你陪他（她）看星星，跟他（她）好好享用早餐，陪他（她）看夕阳西下，等等。当你有闲暇的时候，这是那么的简单，但当你行色匆匆的时候，却又是那么难以实现。

当然，也许对方的心愿看起来有点难度，在目前看来仿佛一个梦想，比如，环游世界、去冰川雪地探险之类的，那也不要因为难以实现就垂头丧气地说——对不起，我无能为力。你可以尽可能地实现一点点，比如，环游不了世界，可以先去一个最想去的国外城市；去不了冰川雪地，可以先去一个下雪的城市。

无论以何种方式实现何种梦想，有一点最为重要，那就是尽你最大的努力让你的爱人满意。

## 不在乎别人，做自己想做的

做自己想做的，说自己想说的，不要在乎别人怎么想，人生的快乐在于不违背自己的心意。

他可能并不认识你，或者你根本就没跟他讲过几句话，可想而知，对方可能对你并没有留下什么印象，但是他的光辉形象在你的心目中留下了深刻的烙印。

如果你真的很想和他交流，就要自己争取机会，花点心思，先弄清楚他的住址或者他工作的地方，总之任何你能找到他的地方。

这无疑有些冒昧，事先对方并不知道你的拜访，而且，他可能根本就对你没什么印象。但是，如果他真的值得你崇拜，他就应该是一个有涵养的人，这样的人是不会拒绝真心人的好意的。

其实最主要的是需要你的勇气，而不是对方可能的态度，以及日后对你的看法。见到对方后，先平复一下你激动的心，不要因为情绪激动而语无伦次，简单而清楚地说明你的来意和你对他的敬仰，大方得体地介绍自己，然后很自然地和对方开始攀谈。

当然，首先你得很礼貌地询问对方是否有时间与你交流，如果对方有空，想办法勾起对方与你交流的欲望和兴趣。以你对他的了解，猜想对方可能对什么感兴趣，尽量去谈对方感兴趣的话题，燃起对方谈话的激情，甚至使他想了解你，想与你交朋友，这就要看你的交际能力了。

最好能带一件礼物去拜访，礼物不必太贵重，太贵重反而显得有些谄媚和更加的冒昧。礼物在于合适，适合对方的身份，适合你们之间的关系，能表达小小的心意即可。其实，最主要的，是为了礼仪的需要，所以，一点水果、一些小点心，或者一束鲜花是最合适不过的了。当然，如果你有什么别出心裁又恰到好处的礼物，那是最好不过的了。

## 那触手可及的幸福

一家人的幸福就是团团圆圆，能够常聚首。如果不能，当思念袭来，有一样东西能让我们找到团圆的回忆和感觉，那便是一张"全家福"照片。

随着我们年龄的增长，生活越来越忙碌，就会越发感觉一家人团聚的时间稀少而短暂。当我们远离家人时，常常会有思恋在心头。如果今天有机会一家人聚在一起，赶快抓住时机照一张全家福吧！

如果大家还没有想到，你可以召集大家一起照一张"全家福"，相信这个提议肯定会被一致通过。然后大家可以准备准备，穿戴整齐。"全家福"照片倒不必每个人都规规矩矩整整齐齐地站或坐成几列几排，大家可以自由摆姿势，自然才真实、亲切。当然，大家都要开心地笑，当以后每个人拿出这张照片的时候，看到的都是开心快乐的笑脸，幸福就会溢满心间。

## 播下一颗爱的种子

爱是奇迹，它超越了智慧和文明，是人类灵魂的升华。人类以爱创造生命、传递温情、维护和谐！爱根本没有想象的那么复杂。爱，很简单：伸出一双手或者说一句安慰的话，甚至是捐出你生活中一些不再需要的东西。

也许，只是一根小小的木桩，就可以拯救一个溺水的人；也许，只是一床薄薄的毯子，就可以温暖一个冻僵的人；有时一句话，一双温暖的手，就可以唤回失望者的希望。要知道，这个世界上还有许多需要我们用爱心去帮助的人。当你喝完饮料，看完报纸，准备去扔垃圾的时候，想想那些可怜的人，也许他们连我们将要扔掉的东西都是那么缺乏，为什么我们不能把一些我们不再需要的东西捐赠给他们呢？比如一些旧衣物。

认真收拾一下旧衣物，打包整理好，然后打听一下有什么机构接受这些捐赠，不要怕麻烦，认真打听清楚，找那些为贫苦人民服务的机构。认真核实地址，然后把这些旧衣物邮寄过去，或者干脆亲自跑一趟，也不会花费你太多的工夫，以便和这样的慈善机构建立联系，了解贫苦地区的境况。有能力的话，你可以经常为他们奉献一份爱心。

## 爱心点点，汇聚成河

奉献是一种美德，也是一种快乐。这个世上，有些人是值得我们无所求地去奉献的。奉献后收获的是快乐的果实，沉甸甸的，在我们心里，永远鲜亮。

慈心为人，善举济世，关注社会弱者是社会各界共同的义务和责任。伸出你的手，伸出我的手，就能为贫弱者撑起一片蓝天。

参加一次募捐活动，不论是哪个机构组织的，不论是捐献给谁的。总之，我们知道，组织者是为了给献爱心的人一个奉献的入口，接受捐献的人是需要我们关心和温暖的不幸者。

捐款或是捐物，捐多少，这都不是重点，尽力而为，量力而行，一切视个人能力和爱心而定；没有法律强制规定，也没有政府的强行指令，这是个人付出的自由之举。你要相信，你捐出的不仅是一点金钱或物资，而且是关爱生命的一片爱心，得到的回报将是受益者一生的感谢。

捐赠不分多少，善举不分先后，爱心点点，汇流成河。阳光五彩斑斓，生命生而平等，爱心的阳光照耀生命，生命从此多姿多彩。你献出一片爱心，将给困境中的弱者带来生命的温暖、生存的勇气和生活的希望。

## 亲善产生幸福

百善孝为先，天下最不能等待的事情莫过于孝敬父母。

感恩父母、孝敬父母是我们中华民族的传统美德。在人的一生中，对自己恩情最深的莫过于父母，是父母给予了我们生命，是父母辛勤地养育着我们，我们的成长凝结着父母的心血，每一个人都是在父母的悉心关怀、百般爱护和辛苦抚养下慢慢长大的。父母的亲子之爱只能用两个词来形容——无私和伟大。他们可以为子女付出一切，也甘愿付出一切。所以说，父母之爱位于人世间各种各样的爱之上。

我们中华民族历来崇尚受恩不忘，知恩必报，这也是做人的基本道德，也即一个人的良心。一个人如果对给予自己生命和辛勤哺育自己长大的恩重如山的父母都不知报答、不知孝敬，那就丧失了人生来就该有的良心，那是没有道德可言的。试想一下，一个人连生他养他的父母都不爱，怎么能指望他去爱别人呢？可见，人世间一切的爱都需要从爱父母开始。

用心做一件事来孝敬父母，是每一个人必须做的一件事，也是很容易做到的一件事。

比如，尊重父母的教导。父母所积累的人生经验是极其宝贵的，往往是我们在课堂上、书本里学不到的。并且他们对我们这些经验的传授是不计回报、真心实意的，所以我们应该认真听取，虚心接受，否则就会失却接受良好教育的机会。

比如，接受父母的监护。父母是子女的监护人，子女要自觉接受父母的监护，例如离家时要告诉父母，回到家时要先见过父母，告诉父母已经回家，使父母放心，平时要定期向父母汇报学习、生活情况，并且离开家之后，也要经常问候父母亲，以免父母牵挂。

比如，努力进取，认真学习或者工作，不抱怨生活，不辜负父母的期望。父母对子女最大的期望，先是成人，再是成才，最终有所成就。哪个父母不望子成龙、望女成凤呢？作为有孝心的子女要会学习，会工作，会生活，学会处世，学会做人，不负父母的愿望，实现父母的期望，这是最重要的孝行。

不要再抱怨工作太忙，时间太紧，没有空闲去看父母。比尔·盖茨曾说过，天下最不能等待的事情莫过于孝敬父母。步入老龄的父母，在生活上、精神上越来越需要子女，而且这种需要主要体现在亲情上，而非全都可用金钱或雇个保姆来替代的。随着年龄的增长，子女孝敬父母的机会逐渐减少。商机错过还会再有，而失去孝敬父母的机会，必定会遗憾终身。

## 成全别人的快乐和幸福

真正的美德如河流,越深越无声。成全他人的美好,然后在心里默默为他祝福鼓掌,你会得到一种无法比拟的快乐。"成人之美"不但是一种修养,更是一种无声的美德。

成人之美不必是惊天地泣鬼神的大事,平时为他人做一件好事,帮别人说一句好话,助别人一臂之力,给别人一点因缘,都是成人之美。成人之美的人,必定有一种对别人的尊重和对自我的谦卑,他跟别人不太计较,甚至视人如己。如现在的器官捐赠,政治上的荐贤让能,乃至佛教的结缘,都是成人之美。

从今天做起,从小事做起,多给人一句祝福、一句鼓励的话,开启成人之美的大门,这必然给我们以继续努力的动力,定能让我们体会到更多的人生之美与乐。

成功不必在我,别人的成功,只要是好事,就尽力去帮衬,做一个成人之美的人,自己也与有荣焉,何乐而不为呢?

## 常怀一颗感恩的心

"爱出者爱返,福往者福来",人生需要有一颗感恩的心。感恩是春天里的和风细雨,催开了希望的蓓蕾;是夏日里的惊雷,撕开了遮蔽你心田的阴霾;是秋日里结出的丰硕果实,映照着你丰收的笑脸;是冬日里烘焙大地的暖阳,化解着人生的严寒。拥有一颗感恩的心,烦恼去了,快乐就来了。送出的是诚挚的感激,得到的是满怀的温情。

你必须承认,从小到大,我们一直接受着身边人对我们无微不至的关怀和无私的帮助。从小时的牙牙学语,到上学后的刻苦攻读、知识水平提高,再到工作后业务能力的加强、思想境界的提高,我们都在默默地被帮助着。我们要感谢父母把我们带到了这个美好的世界并抚养成人;感谢老师对我们无私的教诲;感谢领导对我们的信任和栽培;感谢同学间的友谊和同事的帮助。感谢,应该成为我们生命中的一部分。

今天,也许你不能——去感谢,那么就想想,最近你都接受过哪些人的帮助,给他们送去感谢的问候吧。不要说你最近好像没有接受过谁的帮助,这不可能,我们生活在这个世界,每天都在接受别人的帮助,每天你身边的亲人都在给你关爱,难道你不应该感谢他们吗?每天的工作,你的同事是不是都在给你指点和协助,难道你不应该对他们说一句谢谢吗?还有你的朋友,在你烦恼的时候,是谁在你的身边陪你度过?是谁鼓励你要开心地过好每一天?难道你不应该回报一个感谢的问候吗?

很简单,现在就给他们每一个人打一个电话,倒不用刻意去道一声谢谢,简单地问候一下对方的生活、身体状况,寒暄几句,表示你正想着他,这样也许就够了。当然,如果有人真的给了你特别大的帮助,那就应该郑重地表示感谢,甚至应该亲自登门去拜访,送一件小礼物,或者请对方吃一顿饭。这些都是待人的基本礼貌。也许别人对你的帮助只是举手之劳,但那也要别人愿意为了你而举手才行,所以,感谢别人吧,用你最诚挚的方式。

## 努力为爱付出

血浓于水,是人世间最无法割舍的感情,也是人世间最真挚的感情。努力为爱付出,首先就要为亲情而付出,懂得爱自己的亲人,才会懂得去爱其他人。

最关心自己的人,总是最容易被忽视的人,你用心想想,你平时有没有关注过身边的亲人。可能你觉得很委屈,我天天看着呢,怎么没有关注,但是,你又为身边的人做过些什么呢?

早上起床,对身边的亲人道一声早安,也许平时你没这样做过,也许他们会瞪大了眼睛惊异地看着你,但很快他们的惊异就会变成喜悦和欣慰。如果有空,为大家做一顿早餐,叫大家起床一起吃顿愉快而丰盛的早餐。

该吃午饭的时候,给亲人打一个电话,叮嘱他午饭要吃好,如果有时间就午休一下。下班了,再打一个电话,叮嘱他下班早点回家,路上注意安全,一起回家吃饭。

不管平时谁做饭，今天你掌厨，给大家做顿丰盛的晚餐，也许你的厨艺并不怎么样，那也没关系，关键是心意。一天工作下来，大家都比较辛苦，今天多让其他人休息一下。如果你实在担心自己的厨艺，让平时做饭的人先教你几招，或在旁边指点一二，不过千万不可代劳，你要自己动手。

晚饭后，亲切地询问一下亲人今天有什么见闻，有什么生活感受，工作是不是很累。如果父母在身边，为他们捶捶背揉揉肩，当然，这样的服务，爱人也是可以享受的。

如果你有心，也可以送束鲜花给亲人，父母也好，爱人也好。不同的花代表不同的心意，但都是一份浓浓的关爱和体贴，都是一份亲情的感动。

## 感恩生活，感恩一切

感恩不只是一种对生命馈赠的欣喜，也不只是对这一馈赠所给予的言辞的回馈；感恩是用一颗纯洁的心，去领受那付出背后的艰辛、希望、关爱和温情。

没有阳光，就没有温暖的日子；没有雨露，就不会有五谷丰登；没有水，就不会有生命；没有父母，就不会有我们自己；

没有亲朋师长，就感受不到人间的真情！这些浅显的道理我们都懂，但是缺乏的恰恰是对感恩的认识，常常忘却的是感恩的心理。

感恩，是人生的一堂必修课。心存感恩，知足惜福。人生路上永远需要一颗感恩的心。感恩是对生命恩赐的领略，感恩是对生存状态的释然；感恩是对现在拥有的在意，感恩是对有限生命的珍惜；感恩是对赐予我们生命的人的牵挂，感恩是对关爱的震颤……

感恩需要学习，从小开始，不使幼小的心灵蒙上世俗的灰尘。学会感恩，就是要学会不忘恩负义；学会感恩，就是要学会谦虚本分；学会感恩，就是要学会多一分爱，少一分恨；学会感恩，就要怀抱敬畏之心；学会感恩，不再沉溺于财富和权力；学会感恩，永远也不忘了说一声"谢谢"……

感恩的心，永远年轻！感恩的人，永远快乐！

人的一生中总会遇到许许多多值得回忆和留恋的人，包括亲人、爱人、同学、朋友、老师，等等。这些人在每个人的生命旅程中，都曾给过我们关爱，给过我们帮助，他们是我们终身感恩至念的人。

懂得感恩的人，往往是有谦虚之德的人，是有敬畏之心的人。对待比自己弱小的人，知道要躬身弯腰，便是谦虚；感受师长，懂得要抬头仰视，便是敬畏。因此，哪怕是比自己再弱小的人给予自己的哪怕是一点一滴的帮助，这样的人也是不容轻视、不能忘记的。

感谢生活给予我们的一切，无论是欢笑还是泪水，都是多彩生活的一部分，都值得我们感恩。

## 为他人点一盏灯，也会照亮自己

不要说乌鸦的鸣叫嘈杂难听，难道世间只有悦耳的歌声才能代表真情？不要说柳枝纤弱比不上松柏，生命的存在就是一种坚强。生活在同一环境同一空间，每个人都有自己的生活方式，各有各的优缺点，当两个人不能完全融合时，请彼此多体谅。

体谅是一种宽容，体谅是一种大度。体谅是一种人与人之间的理解，但体谅并不意味着知音。体谅是当你被人误解时，你依然心平气和；体谅是你吃不到葡萄时不说葡萄酸；体谅是当别人说出令你伤心的话时，你认为他是无意的。体谅是不再抱怨别人，不再发牢骚，不再说世态炎凉。

有人把体谅比作生命里的暖流，有人把体谅比作寒冬里的

第七章 世上千寒，心中永暖

阳光，还有人把体谅比作沙漠里的绿洲，从这些美好的比喻里，可以看出人们对体谅的赞美和珍惜。的确，体谅也许不是最美的情感，却是最动人的流露方式，也许它没有惊天地泣鬼神的悲壮，却是最贴近人性的心灵交流。

体谅某个人吧，这并不难，只需要站在对方的立场和角度去思考问题，不要等着别人来体谅自己，想想别人也有别人的苦衷，别人也有别人的道理，如果双方换位，你能保证自己比对方做得更好吗？不要强词夺理，如果你和对方是同样的境况，也许你做得还不如对方得体。过去的已经过去，不管谁是谁非，从今天开始学会体谅别人吧，你就会收获一片广阔的蓝天。

## 真正的友谊，是舍得付出

人的生活，离不开友谊，但要获得真正的友谊并不容易。它需要用忠诚去播种，用热情去灌溉，用原则去培养，用谅解去护理。真正的友谊，必须舍得付出。

如果你舍得把你最为珍爱的东西送给朋友，这足以证明此朋友在你心目中的地位。对朋友，只有舍得付出，才能赢得最真诚的友谊。

也许这件物品已伴随你多年，让它离开你，的确于心不忍，但相信真正的朋友会像珍惜你们之间的友谊那般珍惜它的。你之所以如此珍爱它，一定有个动人的故事，在你心里，或者代表了你过去某段时期的心情故事。既然决定送给朋友，那么在将它送给对方之前，向对方讲述它的历史和你心中的故事，说出你对它的感情，相信你的朋友一定会很感动，也会因此代替你用感情来珍藏它。

也许对于这件礼物你有独到的保养之道，传授给你的朋友，并告诉他一些注意事项，如果很重要，而且比较复杂，最好记录在册，交给朋友保存。

既然决定送出，就一定不要因为不舍而犹豫，更不要在朋友面前流露出留恋的神色，这样会让朋友心里不安。要送就要大大方方地送出，开开心心地为友谊付出。

## 慢慢品味，静静享受

虽然有时生活会像一杯白开水，但你一定要相信，一定会越品越甜；虽然生活有时会像一杯苦涩的咖啡，但你一定要相信，怀着欣赏的心态去品，一定会越品越香；虽然生活有时会遭遇挫折，但你一定要相信，一定会成功的。

喝汤除了能促进人体健康外，亦可以美容。喝汤在促进人们美容方面的作用很多，如有的汤可润肤悦颜、抗皱驻颜、增白莹面；有的汤可生发乌发、润发香发；还有的汤可生眉扶睫、荣唇丰口、洁齿牢牙、健鼻护耳；有的汤甚至可丰形健身、香身除臭。

总之，美容离不开喝汤，这是最快捷的美容方法，尤其是在秋冬季节，喝汤能最快捷地补充人体皮肤所需要的水分，而水是养颜护肤最不可缺的。

煲汤以选择质地细腻的砂锅为宜，但劣质砂锅的瓷釉中含有少量铅，煮酸性食物时容易溶解出来，有害健康。内壁洁白的陶锅最好用。

煲一锅什么汤，选择什么材料，这就要看你想补什么了。有很多美容食谱对这种美容汤都有介绍，你也可以去请教在这方面比较有心得的朋友。煲汤的材料可能会比较复杂，倒不是因为材料稀罕，而是所需材料的种类比较繁多，没有现成的已经料理好的材料，需要自己一样一样地去购买。

不要因为困难就偷懒，自行减去某样材料，多花点心思，多跑几家药材或者食品店将材料买全。买回材料，按照食谱耐心熬汤，不可偷工减料，很多汤必须火候够了，功效才能达到。

汤煲好后，如果你有足够的信心，邀请你的亲人或者朋友，和你一起品尝你的劳动成果吧！

## 买一份快乐给自己

有些时候，我们很想拥有某样东西，但因为其昂贵的价格或是其他原因，不得不忍痛抛却念头，而留下遗憾。其实，偶尔我们也可以破费一次，喜欢它就买下来吧！

不是因为我们贪欲太多，而是很多时候我们真的会一眼相中某样东西，而且越看越喜爱，但因为囊中羞涩，只能把内心的占有欲望掐灭。久而久之，似乎成了一种习惯。也许，有时候这会让人觉得生活无趣和压抑，甚至有些无奈。

人不能总是压抑地活着，有时也需要一些冲动，如果你真的很喜欢这样东西，很想拥有它，为什么不破费一次？就当是为自己买一个高兴，买一份好心情，还有什么比这更重要吗？

女性朋友可能看中的是一件衣服，或是一条丝巾，想象自己穿戴后美丽的样子，更是欲罢不能。男性朋友可能看中的是一款相机，或是一条领带，想象自己拥有后的惬意，也是欲走还止。看看自己，压抑得多痛苦啊！其实生活正是因为有了这些满足和愉悦而幸福，而充实。还犹豫什么呢？既然很久都没有放纵过自己了，今天何不对自己好一点。偶尔奢侈一次又有什么关系。明天，你只会因为今天的这份"奢侈"而更加珍惜。其实你买的是一份快乐。

## 化身快乐的天使

当快乐成为生活的习惯，我们就会发现自己仿佛变成了一个天使，拍打着翅膀在天堂里自由自在地飞翔。

虽然不是愚人节，但还是可以和某人开个善意的玩笑，在普通的日子里捉弄别人，容易打消他的顾虑和怀疑，会很好玩。

当然，你要保证捉弄人家之后，人家一定不会生气，所以这个人一定得是你最要好的朋友之一，或者这个人心胸比较开阔，能开得起玩笑。尤其当你这个朋友处在烦恼中的时候，跟他开个小玩笑，转移一下他的注意力，玩笑之后，烦恼也许会自然消失。

捉弄别人也不是件容易的事，这需要一点点智慧，需要一点点小策略，还需要一点点演技，你要表现得天衣无缝，让对方深信不疑。所以，事先要策划好这个小闹剧，可以几个人一起商量一下，想出一个最好玩、最合理的玩笑。

最不容易引起对方怀疑的假话，无疑是对方目前最渴望的事情，因为渴望，所以总是幻想梦想成真，当事情来临时，激动的心情根本来不及分辨真伪。比如，处于思念中的恋人最渴望和所爱的人见面，如果你告诉他，那个人就在某地等他，他一定会激动得飞奔过去。

你打算怎样捉弄你的朋友，这完全看你们平时的游戏规则，想一个绝妙的计策，就等着看对方被捉弄时滑稽的样子吧，让大家捧腹开怀一笑，给生活再加一勺蜜糖。

# 第八章 做一个刚刚好的自己

YUEMAN,
YUEMEI,
YUEJING
YUEJUAN

## 总有一些东西，教我们活得更好

　　伟人之所以成为伟人，必然有其不同于常人的地方，必有常人难以达到的高度。然而，任何人的成长，都是从普通人开始的，学习伟人，就要学习他如何从普通人开始迈步的。

　　面对巍巍的高山，有人拜倒在它的脚下；面对坎坷的道路，有人徘徊不前；面对无数次的失败，有人一蹶不振。这完全是他们缺乏自信的缘故。而伟人与常人的区别就在于，在面对这些磨难和挫折时，他们选择了勇敢面对，积极寻找前进的道路。看一部伟人传记，可以学习伟人从困境中一步一步走出来的坚韧和毅力。

　　每个人也许都有自己最钦佩和最欣赏的伟人，无论是哪位伟人，都有值得我们学习的地方。所以，选择哪位伟人的故事，完全取决于你自己。美国的海伦·凯勒小时候生了一场大病，从此又聋又哑又盲，但她并没有丧失信心。她克服了常人难以想象的困难，学会了说话，学完了大学的课程，并掌握了5国文字，成了著名的作家。爱因斯坦小时候做手工时，别人挖苦他所做的小板凳是世界上最丑陋的。但他并未灰心，反而又拿出两件更丑陋的作品对老师说："这是我前两次做的，虽然第三只仍不能令人满意，但总比前两次好。"爱因斯坦自信任何事情他都能做得更好，所以，他一生坚持不懈，终于成为举世闻名的大科学家。

人生不可能是一帆风顺的，谁一生下来就会说话、会走路？每个人都要从积累与磨炼中逐渐成长，所以请相信，路是人走出来的，这可能是所有伟人故事告诉你的一个共同的道理。认真看看你手中的书吧，你还会学到更多。

## 比别人坚持久一点

"世上无难事,只要肯登攀。"不论做什么事,如不坚持到底,半途而废,那么再简单的事也无法完成;相反,只要抱着锲而不舍、持之以恒的精神,再难办的事情也会有被解决的时候。凡事只要我们脚踏实地,一步一个脚印,坚持到底,就一定能够到达成功的顶点。

当别人问及著名登山家乔治·马洛里为什么想攀登世界最高峰时,马洛里答道:"因为山在那里。"是的,对于许许多多热爱登山的人来说,只是因为山在那里,所以攀登。他们不断地挑战人类的生理和心理极限,寻求与大自然最直接的对话方式。

如今,越来越多的人爱好登山,把登山当作一种锻炼自己的意志的活动,既锻炼了身体素质,又磨炼了心理素质。那么选择一座你觉得能征服的山吧!做好一切准备,坚持爬到山顶。

攀登的过程中,肯定会累得想要放弃,记住一定要给自己鼓劲,坚持就是胜利,千万不可半途而废,累了可以稍作休息,休息一下继续攀登。

登山还要注意身体安全,要讲科学,要量力而行,快慢有度,循序渐进。不要一味求快,为了早点达到目的,早点实现梦想,就不顾身体劳累,强力行进,那会使身体吃不消,甚至虚脱。所以,只要做到持之以恒,最后能坚持到底就行了。

## 趁一切还来得及

生命的每一天都是新鲜的,也都是最特别的,其中都有着奇妙的故事。只要用心留意每一天,你将会发现到处都有奇迹。否则,每天活在习惯里,就会在不知不觉中失去了生命中的宝贵和甘甜。

正如鲁迅先生所说:"其实地上本没有路,走的人多了,也便成了路。"好习惯和坏习惯都是因为行为的多次出现而形成的。然而,起初是我们造成习惯,之后是习惯造成我们,所以一开始我们就是习惯的主人,在长长的人生旅途中,我们都要拿出意志、魄力和自信,始终做自己习惯的主人,而不要成为习惯的奴隶和仆人。

做一件具体的事,改变平时习惯的方式方法。首先用全新的眼光看待这件事，同样的事在不同的时间可能会出现不同的状况。比如，每天的晚饭，你能忍受每天都是一样的饭菜吗？每月一次的员工大会，你能理解主持的领导每次都是一样的说辞吗？所以，请用适合于今天的心情、适合于今天的态度、适合于今天的方法，来做今天的这件事。

我们只要相信生活每天都是新鲜的，用心去观察，去思考，每天都会有不同的发现和感受，生命的奇迹就在未来某一天某一时刻静静等待着我们的眼睛和心灵。

## 我们无法把控环境，但可以把控自己

就算是一流的专家，也会不知不觉地陷入一些误区。经验固然可贵，但也只能代表过去留给现在的一点积蓄，我们不能仅凭这点微薄的积蓄维持生计，生命在于继续创造。

牟塞说："人们将他们的愚行取了个名字叫经验。"可见，经验常常给我们带来错误与愚昧。

经验属于过去，只能作为现在的参考，而不能当作灵丹妙药，拿来解决一切新出现的问题。

每一天中的每一件事对我们而言，都应该有全新的体验和诠释，别让经验抹杀了我们的智慧和灵感，创意人生里，经验是垫脚石还是绊脚石，就看你如何把握。如果仅凭经验，就轻下定论，将注定你与创意无缘。

你今天接手的这项工作任务，对你来说，也许早已不陌生，因为你已经做过同样或者类似的任务很多次了。完成这项任务的每一个步骤，每一个步骤所用的方法，也许你都已经了然于心。

但是，千万不要因为这样就掉以轻心，让自己暂时忘记过去的经验，像第一次面对它时那样认真对待。

当然，忘记经验不是让你全盘否定过去，用一种全新的方法来重新操作，而是让你从态度上重视它，把它当作一次新的任务，结合过去的经验来把这件事做好。

同时，也要认真研究当前的工作环境以及条件，也许环境与条件变了,方法也要相应地发生改变。也许通过观察和思考,你会发现一种更好更有效率的工作方法,这就是你忘记经验的收获。

## 用眼寻觅,用心感知

生命在于乐观面对,用心感知,这样才会变得更加珍贵和有意义。

凡尘俗世,要追求的东西太多,得到或得不到,都有万千烦恼,牵绕人的神经一生得不到安宁。

人生在世,不要过多计较所谓成败得失,生命是短暂的,放下心中的不快,把握好眼前的人生,去安心体会生命的意义,这就是生命之所在。

仔细想想现在拥有的美好,用欣赏和快乐的眼睛看待你身边的一切:你的工作、你的家人、你的朋友、你享受的每一缕阳光、每一口清新的空气,都是那么美好。

这世间,美好的东西实在多得数不过来。我们总是希望得到很多,让尽可能多的东西为自己所拥有。

人生如白驹过隙一样短暂,生命在拥有和失去之间,不经意地流干了。如果你失去了太阳,还有星光的照耀;失去了金钱,你会得到亲情;当生命也离开你,你却拥有大地的亲吻。

在不经意中失去的,你还可以重新去争取;丢掉了爱心,你还可以在春天里寻觅;丢掉了意志,你要在冬天里重新磨砺;但丢掉了懒惰你却不能把它拾起。

欲望太多,成了累赘,还有什么比拥有淡泊的心胸让人更充实和满足的呢?

选择淡泊,珍惜拥有,然后继续走自己的路!

## 爱情需要悉心呵护

爱情因为浪漫而迷人,爱情需要细心呵护,浪漫需要用心制造,有心的人,总会让爱情弥漫着动人的色彩。

烛光晚餐在很多人眼里是一件非常浪漫的事,如果哪一对恋人还没有吃过烛光晚餐的话,那实在是太遗憾了。所以,你一定不会和你的爱人留有这种遗憾的,对吧?

事先预订一个餐厅,选择一个你和爱人都比较喜欢的环境,最好请乐师给烛光晚餐配上浪漫的音乐,这样的生活情调没有人会不陶醉的。

下班后，用电话把爱人约出来，不过最好事先说明，两人可以提前打扮一番，吃烛光晚餐怎么可以不打扮得漂亮体面一些呢？如果你是男士，为你的爱人准备一束花，就像第一次约会时那样，把花献给对方的时候，别忘了深情款款地说上一句："我爱你！"如果你是女士，也别忘了为对方准备一件别致的礼物，例如一条领带、一条皮带，等等。也许今天对你们来说并不是什么特殊的日子，但浪漫并不是只在特殊的日子才能出现，时常为平淡的生活制造一点点浪漫，生活也会因为有了这些点缀而更加美好、温馨。

　　当蜡烛点燃，烛光亮起，浅浅淡淡的昏黄和莹蓝，仿佛透着希望的光芒。朦胧的灯光下，当柔情的音乐声响起，抬起眼，给爱人一个深情的微笑，请对方跳一支舞吧，就像当年热恋时那样。也许你们已经相识很久，甚至结婚多年，但在这种浪漫的气氛烘托下,你一定会找回那种心潮起伏的感觉,轻轻抿一口红酒,你会感觉真的醉了。

## 忏悔,求得心灵的平静

罪恶潜藏得太久,会让心灵就像久置车库的跑车,经受不了岁月的斑驳和风霜的侵袭。懂得放逐自我,剖析自己的良知和灵魂,才会让孤独和悔恨找到出口。

忏悔不是原谅自己的过错,逃避责任,而是通过一种自我谴责的方式让自己受累的心灵得到喘息的机会。忏悔需要一个宁静的空间,一个人的时候是最好的。找个没人的地方,向自己,向另一个纯洁高贵的自我来忏悔吧。

如果你的过错伤害到了某人,现在虽已时过境迁,但是在心里默默地对那个人道歉是很必要的,虽然对方已经听不到,但是这可让你警醒,让你从今往后变得更善良诚恳。然后再默默地诉说自己的内疚,诉说长久以来心灵受累的折磨,相信自己会得到原谅,只要你以后不再重犯。因为你接下来要说的,就是你对以后的承诺,承诺以后要如何为自己的过错做出弥补,这不是让你为已经过去的事做出什么补救,因为这也许没有任何意义，事情已经发生，无可挽回。当然，如果还能有所补救的话，应该及时去补救。但更重要的是，通过其他的事情来偿还，不是为了让某人知道，而是为了求得你心灵上的平静。

## 行走在飘满笑声的世界里

不要抱怨生活给你带来太多的烦恼，快乐或是不快乐，有时不过是一种习惯。当快乐成为你生活中的习惯时，你会发现在每一个生命的瞬间，都留下了欢歌笑语的足迹。

想要快乐，想让生活充满笑声，办法很简单，看看笑话书就是一个很好的选择。笑话就是让你笑，让你乐开怀，即使你心中有无限烦恼，无限忧愁，看看笑话书，所有的这些不痛快都会在笑声中消逝，最起码，在那一刻，心中是快乐的。

有时候把看过的笑话讲给别人听，比你当时看这个笑话的时候还要开心。这大概是因为把快乐与人分享，快乐就会增倍吧。那么，当你看完某个笑话，回味无穷的时候，立马讲给身边的某个亲人或者朋友听，听着他的笑声，你会觉得更开心。

看完整本书，回味一下，看看自己还能记住多少，回忆着讲给身边的人听，甚至可以打电话讲给好朋友听，尤其是正处在烦恼中的朋友，让他也乐一下，虽然笑话的作用是有限的，但是快乐就是那么简单，用一些简单的东西，暂时冲淡一些烦恼与忧愁，快乐自然而然就产生了。

## 给心找个栖息的地方

有一个地方，永远孕育着希望与生机，它能抚平所有浮躁与不安，烦恼与忧愁，那就是大自然。

如果你生活在乡野，那么到自然中去感受万物生灵对你来说很简单，也许你每天都有机会做这件事，但是，对于大多数生活在城市里的上班族来说，恐怕这种机会就很难寻觅了。

去郊外，最好是大清早的时候就能赶到那里，因为早上的空气是最清新的，而且清晨是万物苏醒的时刻，你会感觉到格外的生机盎然，从外到内，你都会有种生机勃发的感觉充盈到你的全身。想体验这种感觉吗？那就早点出发吧。

这个地方，最好有山有水，有花有草，有虫有鸟，让你可以感受到大自然的一切气息和声响。

闭上眼睛，用心聆听鸟儿鸣叫的声音，是不是感觉它们是在歌唱。它们是在歌唱它们美丽的世界，动人的生活，你也可以的，和鸟儿们一起歌唱吧。

再看看碧波荡漾的湖水，没有湖的话，有一条小溪也不错，看落花随着流水漂移远去，听溪水淙淙的流动，就像是生命在流动，你会觉得这个世界是活的。生机孕育着希望，如果你有什么难过的事，如果你对生活有一点失望，听听大自然的声音吧，你会重新找到生活的希望。

还有大树郁郁葱葱，初升的阳光下树影婆娑，如一个妙龄少女在跳舞，婀娜多姿的身影，昭示着青春的无限美好。如果你正当青春年少，请珍惜大好年华，努力奋斗。如果你的青春已经远去，请不要悲叹，把青春的精神留下，只要心中有希望，拥有不老的精神，青春就能在我们的心里，在我们的血液里，在我们的骨髓里永驻。

呼吸一口新鲜空气,张开你的双臂,把大自然的气息拥抱在你的怀里,大声对自己说:生活多么美好,我要学会珍惜,让希望永远留在心里。

## 路要自己去走,才能越走越宽

人是社会人,人的"社会性"和"群体性"决定了人不可能完全孤立。人都有一定的依赖性,然而,适当的依赖是建立在"独立"的基础之上的。

朗费罗说过:"不论成功还是失败,都是系于自己。"所以,凡事我们首先或是最后都得靠自己的努力。雨果也说:"我宁可靠自己的力量,打开我的前途,而不愿求有力者垂青。"是的,我们要在生活中树立自己动手的信心,丰富自己的生活内容,向独立性强的人学习。当我们学会了自立,就会发现自己已无所畏惧,无形中已增加了自我的筹码,会让自己不断走向希望,走向成功,拥有一个圆满的人生。

放弃自己的依赖性,独自去完成一件事。这件事必须有意义,而且最好是有一定的挑战性。如果你自己就可以轻轻松松地完成，就失去了锻炼的价值和意义。

可能你有许多热心的朋友，以及你的亲人，他们总是习惯性地想要去帮你，本来这对于你来说，是一件特别幸福的事，你可能一直都在享受。但是，你今天必须改变这个习惯，同时，也要请你热心的亲人和朋友改变他们的习惯。如果你平时非常依赖他们，那么今天的任务对你来说比较有难度，因为你总是会自然而然地想到他们，尤其当你面临困难的时候。

可能你一开始就不知道如何下手，离开他人的帮助独自动手，总会让你觉得有些怯怯的，还会有一些畏难情绪。你可以寻求他们的鼓励，但你不可以让他们代劳。你甚至都可以在不知所措的时候，向他们取经，向他们请教，让他们告诉你做事的方法。把你的困难告诉他们，让他们帮你分析，你可以寻求一切口头的帮助，但是，你必须亲自动手做这件事。

今天是一个开始，以后都要坚持，将来的某天，你甚至可以完全抛开他们的帮忙，抛开一切的依赖思想，这是你的目标，也是你今天行动的动力。

## 你就是那个幸运儿

心中装着美好的愿望,幸运之神才会光顾你,相信自己,你就是那个幸运宠儿。

有时候心理作用和精神力量,对人成就某件事的作用是非常大的。一个美好的愿望加良好的精神状态,是我们成功的前提。

给自己制作一个幸运符,相信它能给我们带来好运。幸运符其实就是一个有着象征意义的小玩意,一串项链、一副手镯、一个戒指,甚至只是一个书签,都可以成为幸运符,只要它被你赋予了某种象征意义。你可以运用日常生活或者童话故事、神话故事中的象征物,当作幸运事物的主题。譬如你可以制作一个神话故事中女神的头像,或者其他头像。

当然,你也可以自己设定一些幸运的符号,比如,你觉得某些东西跟你特别有缘,某个数字,某种小动物,某种花卉,这些东西都可以成为你的幸运符主题。

如果你觉得自己不够心灵手巧,完全可以去专业的手工制作店,这些小店可以完全按照你的意愿制作出你想要的手工艺品。

　　这个幸运符最好是你能经常携带的，比如，可以天天挂在脖子上的项链。让这个幸运符天天伴随着你，想象它会保佑你，让好运时时伴随你，当你这样想着的时候，也许好运真的会在某一天降临。其实，这是自信的一种表现，相信好运会光顾自己，就是最美好的自信。

## 你的付出，就是你的生活

　　理想的实现不是如流水般顺势而下，也不是如落叶般随风飘落，而是一颗深埋土壤的种子，需要我们不断浇灌施肥。为了实现理想，必须付出代价。

　　理想能否实现不在于你现在拥有多少财富或是知识，而在于你现在或是将来准备为理想付出多少。

　　有时候，在实现理想的路途中，成功的三大要素天时、地利、人和都已具备，而仅仅因为缺少了那份不懈的努力和不断付出的毅力，而前功尽弃。

　　想想今天你能为理想做点什么，不是空喊几句口号，也不是对着某人表表决心，而是要做具体的事，付出实实在在的努力，哪怕是很微小的一件事。朝理想的方向往前迈进了一小步，总比永远原地踏步好。

你的理想是什么？怎样努力才能实现你的理想？先把这个问题搞清楚，再开始行动，否则就会像无头苍蝇一样，到处乱碰，把自己累得筋疲力尽，结果却一事无成。所以，为理想付出要有明确的方向和计划，今天能做什么？该怎样做？懂得付出，还要有清醒的头脑。

舍得付出，理想就会通过我们的努力从梦里来到我们的眼前，但这并不意味着从此便可以高枕无忧。成就理想，是一个不断付出，从一个高度飞跃到另一个高度的过程。

## 为自己的心灵解锁

　　一个人走着，什么都可以想，也什么都可以不想，便觉得自己是个自由人。因为真正的旅行是一个人的旅行，只有一个人才能身心自由，静思默想。

　　一个人散步，没有可以交谈的对象，自然是有点沉闷，有点儿形单影只，因为这时在街边路旁散步的，多是一对对年轻的情侣，或是一些步履不再矫健而相携相扶的老夫妇。但一个人散步，却又有着许多的好处。你可以随意地选择或改变要走的路线，而不用与人相商，也不用担心别人反对或者不悦；可以随处站下或找一块石头小坐片刻；也可以看看天空，有月亮时就可以久久地凝视着这千古一轮的月儿，想一些关于月的神话、传说和科学探测；无月时仰望满天的星斗，也别有一番情趣。天上有一些星星，确是真正的"明星"，并且千古不变不灭，比之我们这个尘世中的那些"明星"来，可就要长久永恒得多了。你看那牵牛星、织女星、北斗星、启明星……千万年了，还是那样明明亮亮地镶嵌在夜空中，让我们从童年到老年，都注视着它们。

独自散步,除了锻炼身体的意义外,更多的好处还在于思想。人在自由状态的运动中,比正襟危坐在书桌前更有利于思考和想象。有时你会不由自主地自言自语起来,似乎有一个看不见的人和你走在一起。

事实上,这时你真的不是一个人,因为在你的心灵中,这时一定有一个人在陪伴着你。也许是一位红颜知己,或者是一位忘年之交,不管他或她是远在他国或已辞别人世,在你独自的散步中,他或她就会出现在你的脑海里。你们继续着以前的话题,关于一首诗,关于一篇有趣的故事,你们交谈着甚至争执着……许多新鲜的念头,也会像闪电一样,穿过厚重的云层闪耀出来,让你感到震撼和炫目。

确实,许多有价值的思想,许多的灵感,就是在这种独自散步中产生出来的。在独自的散步中,很少有孤独的感觉。因为真正的孤独是心灵上的孤独而非形式上的孤独。有时在节日,在晚会上,在人群中,你反而会感受到一种无法承受的孤独。那是一种找不到朋友,也丧失了自在的自我之后的一种孤独。

独自散步犹如为心灵解锁,个中滋味非独自散步者莫能体会。如果衣、食、住、行之生活琐事,整天缠着身子,谁不感觉心累呢？单位上的工作困难，家庭里的烦恼困惑，整天亦缠着身子，哪个不叫唤辛苦呢？

所谓辛苦，其实便是心苦。天长日久，心灵忧郁，盘绕在心头的烦恼便会"剪不断，理还乱"，形成死结。独自散步时，你置身室外旷野，可以袒露心灵使之与大自然的宁静与生机融合。

## 将一切都归位

生活是一种习惯，勤快是一种习惯，懒惰也是一种习惯。每个人都应该养成勤快的好习惯，并且在一种坏习惯养成之前，及时制止，使自己向好的方面发展。

很多人有一个不好的习惯，用过的东西就随处乱扔，虽然把它们放回原位其实也就是顺手的事，但就是懒得动，久而久之也就成了习惯。等到时间长了，一天或者几天下来，屋子里就会被弄得乱糟糟的，这时候再去找某样东西，就再也找不着了。

这种习惯很不好，要早点改掉，不要光说不练，就让今天成为一个开始吧，不管你今天用过什么，统统都要立马归到原位。

看看你今天所做的事，做早餐、去上班、工作、回家、洗澡、睡觉，等等，你做这些事的时候都动过一些什么东西，你都放在什么地方了,用完之后,赶快回归原位。如果当时因为要上班没来得及,那么下班回家以后一定要记得把它放回去。

在你的空间里每一件东西,不管是在家里的,还是工作单位上的,都应该看起来就像你还没用过它之前一样的。快下班了,把办公桌上的文件整理好摆成堆,放在该放文件的地方,将废纸、废用具扔到垃圾桶里,喝过水的杯子放到该放的地方。

下班回家,吃完饭后,赶紧去收拾厨房,把每一个盘子和器具都洗好,放到厨柜里,把厨房清理干净,就跟做饭之前一样的整洁。

睡觉之前,再检查一下,看看房子里还有什么东西没有回归原位,确保每一件东西都整整齐齐之后,再上床安心睡觉。别忘了,明天继续,好习惯在于坚持。

## 爱在每一个角落

爱是一句话语,爱是一个眼神,爱是一种温柔,爱是一股暖流,爱在每一个角落,珍惜眼前人,给爱一个深情的拥抱。

很多时候,在身边互相关心的人,常常因为过于熟悉而疏于表达。很多人可能会说:"都这么熟了,谁还不知道谁啊,这些繁文缛节的东西就免了吧!"其实不然,有时候形式其实也挺重要的,起码这是告诉对方你感谢他的爱与关心的一种方式,一种很明确的方式,尤其当你找不到更好方式的时候。

当你把对方的关爱一点一点地收入眼底,在心里默默感动,觉得所有语言都不足以表达的时候,就让拥抱代替所有语言吧。

在第一缕阳光照进窗子的清晨,给对方一个深情的拥抱,轻轻在他(她)耳边说一声:谢谢!让这份深情伴着朝霞温暖对方一整天。

在夜深将要入眠的夜晚,给对方一个深情的拥抱,轻轻一句:我爱你。让这份深情伴着静谧的夜色进入对方甜蜜的梦乡。

# 第九章

## 人生最大的幸福,是有时间做自己想做的事

YUEMAN, YUEMEI, YUEJING, YUEJUAN

## 偷得浮生一日闲

人要抵达彼岸,必须先经历黑暗和痛楚。就像一个人的生活态度,并不是单纯的乐观或悲观,颓废或积极的问题,而是一种互相交织的过程。

一整天待在家里,只有窗外天空的颜色在发生变化。

待在家里,放下平日在外奔波的劳累,让自己的身心安静地休息,你可以和家人一起享受天伦之乐,也可以一个人自由自在地随便做点什么。

待在家里,你可以趁机收拾一下房子,是不是很久都没有整理了,来一个彻底的大扫除也是一个不错的选择。如果你只是想好好休息,那么就在房间里放上美妙的音乐,坐在沙发上看看小说,渴了吃几口西瓜,兴致来了,哼几首小调,随意地舞动一下身姿。

当然,如果你觉得一个人闷得慌,也可以找几个同样闲得无聊的朋友,煲煲电话粥。

如果有人邀请你出去玩,不要觉得不好意思拒绝,或者你可以邀请他们来你家来玩，大家坐在一起随便聊聊天，看看电视，玩玩扑克，吃点小零食，难得大家在一起享受这种可以暂时甩开工作压力的休闲。

暂时抛开那些吧，自己的心情自己做主，自己的生活也可以自己修整，如果你愿意，你完全可以做得到。

## 随你的心，任你的手

所谓创意，不仅仅是创造出某种新东西或者新的思想和理念，还包括对已有的东西或思想理念做出某种新的改变，使之旧貌换新颜。

改装某样旧物或旧衣服，是件很好玩的事情。你可以充分发挥你的创意和灵感，按照你喜欢的样子或颜色尽情发挥你的聪明才智。还有，你根本不必担心会不被别人看好，因为这是你自己的东西，而且是用了很久的旧物或穿了很久的旧衣服，也许它们就像老朋友一样，陪你度过了无数的岁月，很可惜现在已经过时了，但是你仍然很喜欢，因为已经有感情了，舍不得丢弃。所以，此时你完全有理由为它改头换面，换成现在流行的样子，继续陪伴你走向未来的人生路。

改装包括样式和颜色，样式你可以参照现在流行的款式，比如，你在商场看中了某件衣服，觉得它的款式很好看，你完全可以仿照它的样式来做，只要你能做到。如果你没有把握，也可以请教以前做过裁缝的朋友，让他指点一二。

至于颜色，很好解决，你只要帮它重新染色就行。选择你喜欢的颜色的染料，将旧衣服直接浸泡在里面即可。

在这项尝试里，你会感受到冒险的快乐，因为你不知道最后会出现什么样的结果，经你改装后的旧物或旧衣服是否真的变得时尚漂亮了？你的聪明才智是否真的得到了验证？这一切在结果出来之前都是未知数。你仿佛回到了儿时，和一群伙伴在玩过家家的游戏，把自己当作家庭主妇，做一些大人想做的事，而不知道自己做出来的结果怎样，心中充满了一种新奇的感觉。

## 美味可以如此享受

对于生活，有些人找不到快乐的因素，认为生活就是一潭死水，其实，那是因为他没有看到生活丰富多彩的一面。给你的心灵洗个澡，你就会发现快乐就在我们周围。

把厨房搬到野外，这个想法不错吧，一定会有很多人觉得很新奇，其实这就是野餐。

野餐要有一个详细的活动计划，首先得叫上几个人同往，一个人野餐是没什么意思的。然后大家商量一下，今天野餐的主题是什么，也就是准备做点什么东西吃，是烧烤，还是炒菜？

商量好了之后，就要分头准备餐具和食物，别忘了带上打火机等燃具。

到了目的地之后，布置现场，锅碗瓢盆等等都拿出来放好，然后分配一下任务，谁主厨，谁负责洗菜，谁负责生火，谁负责洗碗，等等，都要分工明确。也许每个人都有自己的拿手好菜，那么每个人都要抓住机会亮出自己的绝活。

野餐享受的是过程的快乐，由于条件有限，做出来的食物可能没有家里做出来的好吃，但是那种快乐绝对是家中的餐桌上享受不到的。各种食物都准备好后，找一块平地，铺上塑料布，把食物都摆放上去，大家围坐一圈，开始享用吧。

别忘了用相机把这种快乐的场面照下来，留作永恒的记忆，大家热火朝天忙碌的场面，主厨挥舞着铲子炒菜的画面，大伙笑哈哈享用美食的情景……这所有的画面都装满了快乐，虽然只是一次简单的活动，但绝对是人生的一次永恒的美好。

## 多一次尝试，就多一次体验

人生的境遇难以预料，有些人可能生而富有，但难求一生平安顺利；而有些人可能生而贫穷，但不代表一生潦倒困苦。

如果你害怕自己的舞姿太难看，觉得难为情，那在黑暗中跳舞是最好不过的了，谁也看不到你的样子，连你自己都看不到。

如果觉得一个人跳舞没有气氛，就找一帮朋友过来，在一间大大的空房子里，开大音乐，关掉所有的灯，一群人尽情地舞吧。

没有灯光，在黑暗中，你可随意地跳，甚至可以边跳边唱，即使你的歌声被淹埋在音乐声中，看不见自己的样子，听不见自己的声音，但是你可以尽情地发泄，那种感觉是不是特别棒？

在黑暗中，你可以尝试最近新学的舞步，虽然你看不到自己的姿势，但你可以暗自感觉一下，是否能够找到流畅的感觉，你可以反复地尝试，如果不行，那就抛开这一切，不讲求任何规则和章法，能让你的身子舞动起来就行，直到大汗淋漓。

## 青春同在，左右为伴

当我们为生活而辛苦打拼时，猛然间惊觉，那些仰望夜空数星星的日子，在柔嫩的草间寻觅萤火虫的日子，举着烤红薯嬉戏追逐的日子，听着虫鸣而安然入睡的日子——这些快乐的时刻渐渐被都市的喧嚣与霓虹所掩盖。给自己一个机会，去寻找心中那个安宁的世界。

无论家里有多少面积的豪宅，时不时到外面住住小帐篷也是一件愉快的事情。随着工业社会的发达，人们的社会分工日趋细化，导致工作单调，而都市集中化又致使生活空间狭小而嘈杂。同时，个人收入增加了，汽车的普及使人很少步行，人们生活方式改变了。在各种条件都成熟的情况下，都市里的人们向着自然环境出发了，跑去野地，搭起帐篷——这就是露营。露营的乐趣来自逃离繁华，与自然接触，"在漆黑一片的野外，抬头看看星星，听着溪水声，点起篝火，唱首老歌，说些老话，真的能暂时忘了平时的烦恼"。

野外是一个自由的世界，可以尽情享受无拘无束的放松快感。但是，离开了都市，也意味着远离了人们为自己修筑的安全堡垒。大自然在富于情趣的同时，也充满了危机，人稍不注意就会受到伤害。所以，寻找安全的营地是首要的任务。

露营场地的选择，最关键的三点是排水、风向和地势。如果在选择的地点发现有水流过的痕迹或是积水现象，就应该立即转移，因为这样的地方在下雨的时候会大量积水，甚至会受到大水的袭击。而树木的枝叶偏向一方或地形形成山脊状的地点也应该避免扎营，这些地方经常会被强风吹袭，在此落脚说不定会出现满地追着帐篷跑的滑稽场面。一般来说，要找寻比较平坦，有美丽的阳光照射着，而且十分方便取水的地方安顿下来。欣赏美景，享受自由的露营生活就可以开始了。

在露营时，还是要时时刻刻提醒自己要注意安全，在玩乐的同时，密切注意天气的变化。在山沼、山谷地带，要注意水流量和混浊情形，水流的声音也不可以忽视，如发觉异常，应该立刻离开。如果发生落石或土崩，最重要的是保持冷静，先确定落石的方向，再选定撤离的方向。打雷的时候绝对不能在草原中的大树下躲避，应该跑到距离树较远的地方蹲下。

在营地自己动手烹调美味食品，是多么的惬意快乐。食物当然是要选择既营养又好吃的，特别是那些碳水化合物含量丰富的，一定要优先考虑。煮食的方法以简为佳，利用简单的烹调器具就可以应付，否则的话就要花上几个小时才能吃上饭。而事先需要一一处理过的食物最好不要列入菜单。尽量节省用水，而且要考虑饭后收拾是否容易的问题。喜欢食用野菜、野蘑菇的朋友在摘取的时候一定要认真辨认，小心食物中毒。也许可以来一只"叫花鸡"，或是一筒竹筒饭，烤红薯其实也不错啊，大量美食任由君选。

露营一定要注意保暖，虽然是夏秋之交，天气还不算凉，但是毕竟是在野外，晚上还是会有些凉。最好能带上毛毯之类的御寒物品，还要注意在进食中搭配高热量的食物，比如说巧克力等糖类食物。有人误认为在野外可能会因为太兴奋而睡不着觉，其实当你玩了一天之后，疲乏的身体早就受不了了，美美地睡上一觉有助于恢复体力，在野外清新的空气里还会睡得格外香甜。

## 看夕阳西下,心中泛起浪花

夕阳西下,缓缓下降。它伴着彩霞下降,彩霞淡去。它未曾带走什么,只带走了白天,只带走了一天的美丽和灿烂。而它带来的是漫长的黑夜,天终会黑。然而,白与黑交替的那一瞬间,却是一种永恒的美丽。

正如白天与黑夜的交替一样,人之一生,也是由灿烂的白天走向落寞的黑夜,然而,这是人生必经之历程,没有人生只有白天,黑夜总会在适当之时降临,你无法阻止。但是,人却不能为了自然的交替而哀伤。我们应该想到,天空之中的白云为我们做伴,小鸟为我们歌唱。一个成功的人不会在乎夕阳西下后的黑夜降临,却会欣赏夕阳西下刹那间的美丽。夕阳西下总会到来,只要你不要在这之前离去的话,那么这世上就会多出一份力,而这一份力有可能就会成为撑起整个世界的巨石。

看着落日的余晖,犹如大海退潮一般,不经意间,肃然地、慢慢地、悄无声息地退去,烟色的黄,由亮变暗、由深变浅、由浅变淡。慢慢地,黑暗就会泛上来了,眼前的景色悄悄地藏在黑暗里了,一切都不见了,时间也好像停止不动了,好一个安静祥和的世界。

静静地坐在这片安静祥和里,你会感觉到一切烦恼都消失得无影无踪了,可能你会想起过去的那段岁月,有过坎坷、有过风雨、有过失去……也许你就会豁然开朗,这一切都不重要了。只有这恬淡中的安宁,这使人满足的无忧无虑的孩子气的笑。

## 找个机会圆梦

尝试另一份职业,不一定非要放弃现有的,如果你的精力允许,鱼与熊掌兼得也不是不可能的。

如果你的工作不是整天加班的那种,你就完全可以尝试另一份工作,作为兼职,当然得与你的正职协调好,也就是说,在不影响你目前的工作的前提下,用余力做这份兼职。

首先,在时间上,必须是在你业余的时间进行,不能把你的兼职带到工作岗位上来,尤其不能在你的工作时间内一心二用。你可以利用你每天下班后的时间,或者周末来做兼职。

其次,在精力上,也必须保证在你的能力范围之内。可能你虽然不用每天加班,但是你的工作强度很大,下班后你已经是筋疲力尽了，这种情况下，你还能有余力去做另外一份工作吗？

最后，这份工作，必须是你所感兴趣的，有些人可能是为了挣一份外快，当然，这个目的是无可厚非的，但是，首先你得是为了兴趣而工作。兴趣是最大的动力，只有在做自己感兴趣的事情的时候，才不会觉得累，也许是对你一天疲劳工作的一种精神缓解。

这份兼职，也可以是为了你的理想。也许，你理想的职业并非是你现在所从事的工作，那么，用一份兼职来弥补你内心的遗憾，是你最好的选择。试问有多少人又能如愿以偿地从事自己最为理想的职业呢？虽然说干一行爱一行，工作时间长了，很多人自然对自己的工作产生了热爱，但有机会圆原来的梦，又怎能放弃呢？

虽说是兼职，也要本着认真负责的态度，尽你最大的努力去完成。虽然它可能与你个人的升迁没有什么关系，但不可否认，它绝对与你的个人能力有关系，也许还会影响到你的职业生涯和人生轨迹。所以，认真对待，谨慎选择！

## 沉醉在秋的气息里

真正的快乐,不是依附外在的事物上的。如果你希望获得永恒的快乐,那就必须培养你的思想,以有趣的思想和点子装满你的心。因为,用一个空虚的心灵寻找快乐,所找到的常常是失望。

入秋了,走出家门,去寻找秋的气息吧。

当第一片黄叶从树梢头轻盈飘落时,你是否已经察觉,秋终于如期而至了。

丝丝柔柔的秋的气息被南归的大雁在天高云淡里承载着，被一场秋雨一场寒的细雨笼罩着，被枝头耀眼的果实映照着，悄悄地荡漾开来。

太阳的光变得如情人对视的双眸一样暧昧起来，少照了一分，凉彻骨；多晒了一分啊，又炽热难耐！而枫树的叶子终于受不住那温情脉脉的长久注视，慢慢地羞红了脸。

如果你有幸能去农村，你会发现，不知何时，更不知是哪位丹青妙手，在人们尚未觉察的时候，偷偷地在田野里的稻子上涂上了金黄的一笔。于是，稻子黄了，引来秋风艳羡的目光，假装不经意地掠过又掠过，试图带走那醉人的叠翠流金！

秋季是让人沉思的季节，仿佛有如水的音乐从人们心灵深处徐徐漫来，又像一只紫色的风铃，在秋色里发出细碎而生动无比的声音。

你闻到了秋的气息吧，柔美而湿润，绵长而忧郁，沉稳、安静、甘甜、清爽，沁人心脾。这种感觉很熟悉，很亲切，仿佛有一种淡淡的情思糅合在这种气息里，一团一团地朦胧着半醒半寐的梦。人有时候需要这种境界，完全彻底地醒着，你会丧失信心，糊里糊涂地寐着，你会没了勇气。

在这秋的气息里，你可以半寐着，让梦化作一缕缕青烟，与秋的气息融为一体，虚幻而神秘，深邃而美丽，温馨而宁静。

曾有人把秋比作一位成熟典雅、风姿绰约的美人，说那美人有着无限的清高，有着深邃的冷漠，有着诱人的神秘，但也有一份纯洁，一份明亮，一份宁静，具有一种超尘脱俗的灵气，渗透了深奥的自然美。哪儿去找这么完美的人？这只不过是喜欢秋的人的一份美好心境罢了。所以，珍惜这难得的美好心境吧，寻找秋的气息，在秋的气息里陶醉。

## 靠近你，温暖我

生活中无论什么事都和别人息息相关，想要只为自己而活，孤零零地一个人活下去，是十分荒谬的想法。

日本作家夏目漱石曾说："一个生活在人世的人，不可能完全孤立地生存，有时自然会为了某些事情与人接触的，对我这个生活极其淡泊的人来说，要想摆脱那礼节性的问候、商谈，甚至更复杂一些的交涉，都是非常困难的呢！"是的，人类不能单靠一己之力量完成生活中的每一件事情。人既是孤独的，又是社会的人。作为孤独的人，他企图保卫自己的生存空间和那些与他最亲近的人的生存空间，企图满足个人的欲望，并且发展自己天赋的才能。同时，人也企图得到同胞的赏识和好感，和他们共享欢乐,在他们痛苦时给予安慰,并且改善他们的生活条件。

参加一个集体活动,这样你才有机会和其他人交往、交流,才能为他们付出,并享受他们为你的付出。这样的集体活动其实很多,如果你还是一名在校学生,那这样的活动便是家常便饭了。大大小小的集体活动似乎就是你生活的主旋律,无论是学术活动、文娱活动,还是其他集体组织的休闲活动,你都可以参加。如果你已参加工作,这样的活动也不少,每一个工作单位都会组织一些员工活动,这是一个工作单位组织凝聚力的体现,组织文化的表现。所以,如果今天有活动,千万不要错过,这是一个和领导、和同事交流的绝好机会。

集体活动并不一定要有比较权威的机构组织,几个人一起就是集体活动。所以,你并不一定非要去期待你的学校、工作单位,或者其他机构去组织活动。如果你赶不上这些活动,完全可以自行组织,和你的朋友一起,大家相约而行,这就是集体活动。

你还可以参加由陌生人组成的集体活动,其实这样会更有趣,更有新意,可以让你认识很多新朋友。说不定,你的生活圈子也会从此发生很大的改变,甚至,你可以结识在你生命中非常重要的人。这一切都让人满怀期待,生活就是因为有了期待而美好，而充满激情。这样的活动很多，社会上有很多社团、俱乐部，可以为大家提供一个个相识与交流的舞台。

伸开你的双臂，你可以拥抱整个世界，无论欢笑或是泪水，都有整个世界在陪着你！

## 独乐乐不如众乐乐

当一己的幸福变成了人生唯一的目标之后，人生就会变得堕落而失去意义。别忘了，还有一种幸福叫作分享。

伊索曾说，自己无法享受的事也无意让别人享受，这是一般人的通病。然而，人之为人，总是会积极寻找一种自我调节的方式方法。因为，自私并不能为我们带来纯净而持久的快乐和幸福。当自私让我们内心不安、困惑时，让我们把自己拥有的分一部分出来与人共享，你就会发现你的幸福快乐不但没有减半，反而成倍增加了。因为，分享的确是自私无法比拟的幸福。

如果你有什么开心的事，讲出来同你身边的人分享，也许那是段充满了趣味的经历，用诙谐的语言描述出来，就像讲一个幽默的故事一样，听到周围欢乐的笑声吗？这就是你带给别人的快乐。

如果你有什么好玩的、好吃的，拿出来与身边的朋友分享，听着他们的赞美，你心里也乐开了花吧，这就是分享的幸福和快乐。

## 放松紧绷的弦，偶尔宽纵一下

精力再充沛的人，也不可能一刻不停歇地让自己的身心处于紧张状态，适当的休息是为了让我们能以更充沛的活力进行工作。

睡懒觉也是一种本事，你不得不承认，懒觉代表了生命力的强弱，并不是每个想睡懒觉的人都睡得了懒觉，例如那些神经衰弱病患者。所以，如果你能睡懒觉就不妨偶尔睡个美美的懒觉吧。

关掉周末定点鸣叫的闹钟,睡个自然醒,醒了再接着睡也无妨,睡到自己实在不想睡了为止。睡懒觉还有很多好处呢,比如说有利于心情舒畅。大家应该知道,一天中,人的心情也有四季之分。春意盎然,欣欣向荣的春季;热情洋溢,充满激情的夏季;枫叶飘飘,诗情画意般的秋季;还有孤独寂寞、枯燥冰冷的冬季。而喜欢睡懒觉的人,因为睡的时间比一般人要多,所以他能以最饱满的精神来迎接一天中的春,又能以火热的激情来体验一天中的夏,然后用一点点时间去品味一下秋,最后在睡梦中度过一天中的冬季。所以说喜欢睡懒觉的人懂得分配时间,时刻把自己心情调整在最佳的状态。可以这样认为,喜欢睡懒觉的人,更会享受生活,更热爱生命,他们是一群健康的人。

睡懒觉还有利于梦想的实现。人生苦短,一个人在一生中的大部分时间要为最基本的生计饱暖而奔波,好不容易剩下点时间,却已经筋疲力尽,没有心情再去憧憬未来的美好生活了。而爱睡懒觉的人,做梦的机会要比平常人要多,所以做到好梦的机会也比平常人要多。在梦中,他可能实现了自己的理想,生活在理想实现后的美好未来,这在很大程度上给人带来了向理想前进的动力。因为人看到了希望,看到了美好的未来,所以人们才会努力。

不要说睡懒觉的人在给自己找借口，不管怎样，偶尔睡个懒觉，给自己的身心放一个假，放松每天绷得很紧的弦，实在不失为人生的一大享受。

## 唱首歌给自己

不论你身处何地，不论你的环境如何改变，你都可以一边歌唱一边生活，在心中响起动听的乐曲。

歌不一定是要唱给别人听，也不一定非要有人来欣赏，你完全可以为自己而歌唱。歌声不一定要有多优美，重要的是你的心情有多放松，有多愉悦。

找一个没人的地方，一间空房子，一片空旷的草地，湖边的小树林，只要你的视线里没有别人，你就可以放声为自己歌唱，不用去在乎别人诧异的眼光，窃窃的私语。为自己歌唱，不用去刻意地牢记歌词，你可以很随意地去唱，甚至可以自己编一些曲子来唱，想唱成什么样都行，没有人会取笑你，只要你自己能接受就好。你还可以把一些想对自己说的话，用歌曲唱出来，哪怕是心中积聚的苦闷和牢骚。把满腔的怨言大声唱出来，也是一种很好的发泄方式。最好能唱一首激动人心的鼓励之歌，或者是一首充满了祝福和期许的希望之歌，唱出自己对生活的美好愿望，唱出自信，唱出激情和勇气来。

如果你有雅兴，不妨用录音设备把自己的歌声录制下来，以后任何时候都可以拿出来回味一下，自我欣赏一番，那一定很好玩，甚至还可以为自己专门制作一盘专辑，就像那些歌星一样，只不过这个是用来自我收藏的。如果可以，把它送给你的好友，这么好玩的礼物，你的朋友一定会很喜欢的。

## 尽情享受，用心体会

以创新为灵魂的知识经济的第一资源是智力资源，因此知识经济时代教育的核心是培养人的创造性思维和创新能力。创造力是智力的高级表现，需要有敏锐的观察力、集中的注意力、牢固的记忆力、丰富的想象力和灵活敏捷的思维能力。

创造性思维和能力的培养，需要如此多的要素，这就需要我们平时多锻炼，自己寻找各种机会训练自己的这些能力。

不管你有没有艺术细胞，自编自导唱一首歌或跳一支舞。这样你会在发挥创造能力的同时，享受到更多的乐趣。

自编自导，不是随心所欲，胡乱编造，而要有感而发。编歌曲，必须有歌颂的对象，你要感激的人、你钦佩的人、你爱的人、生活中某件事或物，等等，都可以是你歌颂的对象。也许你并不懂谱曲，没关系，想到什么腔调，直接唱出来就好了，用录音机录下来，自己反复地听、反复地修改，直到自己最满意为止。

　　如果是编舞，同样也要有一个主题，你可以选某一首歌作为参照，为这首歌配舞，你的主题就是这首歌所表达的内容。编舞之前，你可以先研究一下舞蹈演员们跳的一些舞，看他们是怎样通过肢体语言表达心中的感情的，多看几遍，你自然会有一些领悟。然后，充分发挥你的想象能力，用一些你能做到的肢体语言编成一组完整的舞蹈动作，并保持它的连贯性和优美。编完之后，自己对着镜子认真、完整地跳一遍，或者用摄像机拍下来，然后仔细研究，认真修改，直到自己满意。

## 知道自己要去哪儿，全世界都会为你让路

许多人之所以在生活中一事无成，最根本的原因在于他们不知道自己到底要做什么。在生活和工作中，明确自己的目标和方向是非常必要的。只有知道你的目标是什么、你到底想要做什么之后，你才能够达到自己的目的，你的梦想才会变成现实。

这需要你先静下心来，浮躁不安的心是没法回答自己的问题的。首先你得问自己，你喜欢你现在的生活吗？包括你的工作，你每天做的事，你努力奋斗的某个人生目标，以及你身边的朋友。

如果你觉得很喜欢，那你真的很幸运。如果你对自己的生活有些抱怨，有些迷茫，那么你就问问自己的内心，自己到底想要做什么？从你曾经的梦想开始忆起，也许你曾经很早以前就有一个梦想，但是随着时间的流逝，你已经将它搁浅了，为什么？你还能找得到原因吗？是因为兴趣发生了改

变,还是现实让你不得不掉头？那么你现在的兴趣又是什么？你目前的生活正在你兴趣的轨道上运行吗？或者现实是如何让你放弃梦想的？你真的确定你没法克服现实中的困难吗？

看清楚了你自己的内心，了解了自己的兴趣所在，那么，分析一下你感兴趣的事情实现的可能性吧！不是你想要做什么，就一定能做到的。也许你只是羡慕那件事光鲜的一面，比如，电影明星、舞蹈演员等，你看到的是他们风光美丽的一面，却没有了解他们背后的故事。所以，全面了解你想做的事，包括它的好处和坏处，看看你是否真的是那么想做，最重要的，是看你是否真的能做到，你确定你能一直坚持下去，永远不放弃吗？如果可以，那么，不要犹豫，赶快行动吧！

## 享受一个人的自由

有时候，孤独不是一种落寞和无奈，而是一份自由与闲适，只要你懂得享受。

不要任何人陪伴，只有你一个人，想做什么就做什么。你可以把自己一个人关在屋子里，也可以一个人去任何地方做任何事，这是你的自由，孤独的自由。

很多时候，因为有其他人在身边，要顾及他人的感受，很多事我们都不是按照自己的意愿来做的。比如，和朋友一起吃饭，你喜欢吃辣，而朋友不能吃，所以你得考虑到朋友的口味；一家人看电视，你喜欢看体育节目，而其他人都想看连续剧，所以你只得少数服从多数；大伙一起去公园玩，你想玩小孩喜欢的"碰碰车"，大伙却笑话你幼稚，所以你只得作罢……今天你没有任何束缚了，你可以做你喜欢做的任何事，这就是孤独的自由。

孤独，是自由，还是落寞，在于你自己如何去平衡。一个人的空间里，应该给自己找点事情做，如果只是无聊地闷坐着，当然会觉得空虚寂寞。当然，你也可以什么都不做，把自己关在家里，蒙着头睡大觉也是不错的选择。

一个人，其实就是自己与自己相处。这也是一门学问，并不是每个人都懂得与自己和谐相处。懂得与自己相处的人，在一个人的空间里，能够抛却往日的浮华，只剩下闲适与放松。你可以静静地听着你喜欢的音乐，或投入或随意地看你喜欢的书。你也可以为自己做一些好吃的，一瓶红酒，自斟自饮，好不开怀。

你还可以背着行囊去任何一个地方徒步旅行，带着相机，拍下你所到之处的风景，幻想你正在环球旅行，哪怕你只是在

做环城旅行。其实这样也不错,你所在的这个城市,肯定还有许多你没有涉足的地方。去走走,去看看,特别是那些久闻而未亲见的地方,今天就把所有的遗憾都弥补。一个人的空间里,就是这样的自由随意,原来孤独还可以这样享受。

# 第十章 以自己喜欢的方式过一生

YUEMAN,
YUEMEI,
YUEJING,
YUENUAN

## 出发太久,别忘记目的地

如果不确切明白前进的方向,即使付出再多努力和艰辛,也只能是竹篮打水一场空。人生如同驾龙舟,方向没有掌握好,撑船的人无论如何拼命努力,离目标也只会越来越远。

彼得斯说过:"要有人生的目标,否则精力全部白白浪费。"检查一下你付出努力的方向对了吗?

付出了这么多,你与理想的距离是越来越远了,还是越来越近了?在付出努力的路上你收获了什么?如果你离理想更远了，是不是该冷静地想一想，你为理想努力付出的方法是不是不当。如果是这样，赶快停止，及时回头，你还可以少走一些冤枉路。

有时候当局者迷，旁观者清，也许你自己并没有意识到自己在实现理想的征程上背道而驰，自己觉得越来越疲惫。那么就听听身边朋友的意见吧！也许他们会给你一些启示，给你一副眼镜，看清楚前方的路。

付出是一种精神，是一种美德，而目标正确，却更是一种处世哲学，是一种智慧。我们在培养舍得付出、敢于吃苦的毅力的同时，别忘了练就一双慧眼和一颗智慧的心灵，帮我们看清前方行进的方向。

## 人人都可摘得一颗星

勤劳不是一种刻意的磨难，不是强迫自己的无奈，而是一种可以收获许多快乐的品质。当勤劳成为你发自内心的最为自然的一种习性时，你便已经拥有了这种难得的品质。

每个人天生都具有独特的视、听、触以及思维的方式。正因为这样，每个人都有可能具有一技之长。因此，每个人都应该及时发掘出自己的特长和潜能,多加练习,让潜能变成真正的一技之长。

兴趣是最好的老师,兴趣常会使人表现出积极的情绪,从而导致行为上爱好某项活动。想想你自己都有些什么业余爱好,体育、音乐、美术、文学,哪一方面能让你产生兴趣。如果你想取得很好的成绩,最好请一名比较专业的老师来指导你,这样你的练习才能不偏离正轨,不要抱着这样的观点:业余的爱好,随便玩玩就行。学会认真对待,就像对待你的专业一样,至少,可以让你不只是一架只知道工作的机器。业余专项特长的精湛,绝对是你个人魅力的展现。

## 感动你的不是别人,而是你自己

在尘世中游走的人群,早已习惯在外人面前将自己严严实实地包裹起来,而找不到一个出口来宣泄自己的情绪,无论快乐的,还是悲伤的。于是,日记就成了唯一的听众,它不会告诉别人你的心里话,但可以让你完全释放。

当一天忙碌过后,你终于可以让自己的身心都放松下来的时候,找一个独自的空间,打开从前的日记本,一页一页地翻翻看。

从你还能找得到的最早的日记看起,按照时间的先后顺序,一篇一篇,一日一日地翻看,让心思在回忆里沉醉。那是一段关于成长的记忆,留下了你成长的足迹。日记里记下了你的喜怒哀乐,也许,你会想,为何说了世上无牵挂却有悲喜?说了朋友相交淡如水却重别离?说了少年笑看将来却常回忆?说了青春一去无悔却还哭泣?如果你能如此思考,并能有所感悟,那表示,你已经开始成长。

从你的日记里,可能会让你想起过去的一些人和事,最重要的是对你当时心情的一种记录。当你把所有的心情都摊开来体会,把全部的话都说出来聆听时,那你看到的会是一个完全真实的自己。也许你觉得一直以来对自己不甚了解,那看看每一个阶段的心情表露,看看自己的心路历程,也许你会从中更清晰地看到自己的影子。

当你看完一篇日记的时候,有兴趣的话可以在日记的后面写上你的批注。以你现在的心情来看待当年的自己,你会有怎样的感想和领悟。尤其是你在哪些方面的看法变了,哪些方面又有了新的领悟,而哪些方面却一直执着不变?

最好能给你在每一个阶段的日记做一个总结,这个阶段的划分标准由你自己来定,比如,中学时期、大学时期、工作以后,等等。

看完所有的日记，把你的感想写下来，作为今天的日记，为你的日记本再添上新的一笔。

## 每一件物品都有自己的价值

我们想要的，总是那些还没有得到的，而身边拥有的，在我们眼里却是暗淡的。我们常常在随意丢弃这些拥有，你真的确定它们没有价值吗？也许有一天，你会后悔没有珍惜。

在我们的生命中，有些东西开始看不出它的价值，我们便将它当作无用的鹅卵石丢弃了，而等到发现它原来是钻石的时候，已经后悔莫及。

所以，有些东西看似无用，碍眼，占地方，但如果我们找个时间认真整理一下,收藏好,说不定哪天就能派上用场了。

你的家里必须准备一个收藏杂物的盒子或是袋子,把那些一时间还分辨不出价值的东西收集在一起,比如家电、家具的零件。

这些东西现在的确没有什么用处,那么整理好之后,找一个比较隐秘又不占空间的地方放起来。

但是,千万要记住自己放哪儿了,否则,等真正想用的时候,找半天都找不着,那么你的收藏在一定程度上就失去价值了。

如果害怕记不住,可以在记事本或者备忘录上记上一笔。

## 为你的生活收集更多的乐趣

快乐就在你的身边,需要你有双聪慧的眼睛去找寻,为你的生活收集更多的乐趣。没事偷着乐也是一种难得的幸福。

这可能需要你平时的细心和累积,比如,当你在无意中看到一些有意思的小故事或者有哲理的语录之类的,留一个心,勤快一点,把它们用某种方式收集起来。

但是,今天,你能不能主动做一下这件事,这也不难,有很多途径可以让你收集到这些小东西。网络就是最好的资源,或者去图书馆，去书店，总之方法很多。

也许你有兴趣把这些小故事重新编辑，并汇编成册。相信你所有的朋友都会支持你的，这是一件非常有意义的工作。你收集的肯定是你认为的精华，那么，在你精心的安排下，这便是一本精编本了，不知不觉中，你也成了一名编撰家了。

## 将零星的岁月串在一起

如果日记是一种文字的记忆，用语言描绘曾经的你，那么，照片便是一种影像的记忆，用最直观的视觉冲击刻画你成长的痕迹。

昨天刚看完旧日记，那今天就来看看旧照片吧。告诉自己，这两天属于回忆。

同样地，按照时间的先后顺序，从年龄的由小变大，一张一张地重新欣赏。翻看这些旧照片，会让你有种光阴似箭的感觉，看着相册里不同时代的自己，心态也会迥然不同。

首先看看孩提时候的影像，对于大多数人来说，那些照片，基本上都是黑白的。看着自己童年时候的可爱模样，是不是忆起了儿时的快乐，那就尽情地回味一番吧。然后，再看看自己少年时代、青年时代、中年时代的照片。这些旧照片里也许还有你和其他人的合影，是不是每个阶段合影的人都不尽相同？这些照片把你从少年成长为青年，从青年步入中年，也许还有中年步入老年的过程，记录得一清二楚。看照片里表情的转变，看容貌的改变，世事沧桑与人情冷暖尽在其间。"年年岁岁花相似，岁岁年年人不同"，也许是那些合影照片最贴切的旁白。

一张张旧照片，或黑白或彩色，或开心或愁苦，把不同的时光和人物定格在了瞬间。想想多年来的经历是千千万，明白忘记的事情是万万千，幸亏有这些旧照片，不管你想忘也好，不想忘也罢，都忠实地记录下了那些零星的岁月。

## 经过生活的洗礼，羽翼才能丰满

你或许是从开满鲜花的浪漫之旅一路走来，又或许是从布满荆棘的坎坷之途蹒跚而来，那些过往也许已经淡漠，也许刻骨铭心。但是岁月留给我们的最好礼物便是回忆，让我们学会珍惜那段记忆吧。

过去的每一段经历，无论好与坏，都是为了让我们今天能够更好地生活，更好地把握明天幸福的方向。

所以，倘若快乐的，辉煌的，要懂得珍惜。珍惜不等于躺在由往事编织的鲜花丛里睡大觉，而应把它当作垫脚石，跳跃得更高更远。倘若痛苦的，惨烈的，要学会从中吸取教训，把它当作警钟，当下次遇到同样的情况时，我们便会知道该选择哪条路。

无论过往是美好的或是惨烈的，都是一种经历，人生的每一段经历都是为了告诉我们明天学会更好地生活。

仔细想想，那些过往岁月都让你学到了什么，告诉了你怎样的人生道理。

相信命运的安排都是有它的道理的，也许你太过脆弱，命运就让你经历一些痛苦让你变得坚强；也许你太过天真，命运就让你经历一些挫折让你知道生活的现实。

无论快乐或不快乐，都已成为过去，挥挥手，告别过往，勇敢地向前，留下体味和感悟。

## 循着记忆的足迹，寻找逝去的美好

有一种美好，永远停留在过去的某一个地方，因为已然逝去而弥足珍贵，因为怀念而更加难忘。过去的已经无法回头，但也许还可以循着曾经的足迹，寻找回忆的斑点，在心里久久珍藏。

回忆是具体的，一件具体的事，发生在过去的某个具体的时间，具体的地点。事情已经过去，时间已经改变，也许唯独只有那个地方，还一如往昔。

故地重游，不是为了沉迷过去，不肯醒来，而是让过去的欢笑和快乐重新充盈心间，体味生活的美好与幸福，尤其当你感觉到生活的苦闷和无奈的时候，曾经的美好会激起你找回幸福与快乐的信心和勇气。

故地重游，也许有的人已不在身边，循着记忆的足迹，找回的是过去的那种感觉，感觉还如往昔那般美好。失去了，是让你更懂得珍惜身边拥有的，不要让今天的遗憾在明天重演。

故地重游，是告诉你有些事无法逃避，必须面对，也许你曾经犯下过错，才让美好失去。当美好在心中重新演绎的时候，仔细想想你错在哪里，你该如何去纠正和弥补。勇敢面对，积极更新你的人生，认错改错不是让你把过往的痛苦久久在心里缠绕，是让过去点燃今天行进的路灯，而已经逝去的，如果可以，选择放下，轻装上阵，你会比昨天走得更好。

故地重游，同样的地点，却已是不一样的姿态。

## 为心灵找一个更好的出口

人人都会遭遇尴尬，面红耳赤是我们常有的难堪，别忘了，幽默能帮我们把眼前的障碍化解为无形，自我解嘲是一门艺术。

幽默一直被人们称为是只有聪明人才能驾驭的语言艺术，而自嘲又被称为幽默的最高境界。由此可见，能自嘲的必须是智者中的智者，高手中的高手。自嘲是缺乏自信者不敢使用的技术，因为它要你自己骂自己。也就是要拿自身的失误、不足甚至生理缺陷来"开涮"，对丑处、羞处不予遮掩、躲避，反而把它放大、夸张、剖析，然后巧妙地引申发挥，自圆其说，取得一笑。没有豁达、乐观、超脱、调侃的心态和胸怀，是无法做到的。自嘲谁也不伤害，最为安全。你可用它来活跃谈话气氛，消除紧张；在尴尬中为自己找台阶，圆满收场；在公共场合获得别人的好感；在特别情形下借机会灵活应对无理取闹之人。

适时适度地自嘲，不失为一种良好修养，一种充满活力的交际技巧。自嘲，能制造宽松和谐的交谈气氛，能使自己活得轻松洒脱，使人感到你的可爱和人情味，有时还能更有效地维护自尊，建立起新的心理平衡。

## 给心灵洗个澡

平时我们洗澡，只洗身，不洗心。而给我们的人生洗澡，应该是外洗身，内洗心，把身体里里外外都洗得干干净净。

商代的君主汤在洗澡盆边刻了 9 个字："苟日新，日日新，又日新。"汤在洗澡的时候，外洗身，内洗心，所以他在洗完澡后"身心舒畅"。也就是说，他洗澡时外去身上污垢，内去内心的渣滓，所以他洗完澡身心都很舒畅。

试问有多少人能够做到像商汤这般，时常为自己的心灵洗澡呢？你能做到吗？也许你以前不能，但今天，无论如何也要试着给自己的心灵洗一个澡。不管你是否能够做到像商汤那么成功，洗得那么彻底，但至少，你可以试一下，尽你最大的努力，相信自己，你会有收获的。

大多数人的痛苦，都是因为自己看不开，放不下，一味地固执而造成的。痛苦就犹如人心灵中的垃圾，它是一种无形的烦恼，由怨、恨、恼、烦等组成。烦恼忧愁不会无故自生，总是由你生活中的一些具体的事情引起，然后在你的心里泛滥。找到烦恼产生的根源，把它赶走，很简单，就是把那些事放开。真的没有什么大不了的，再大的痛苦与不幸，都会过去。更何况，对于大多数人来说，所烦恼、所痛苦的，都是一些从长远来看非常微不足道的事，把自己的心胸放得宽大一些，这些烦恼忧愁，在你的心里，就占据不了多大的空间了。

清洁工每天把街道上的垃圾带走，街道便变得宽敞、干净。

假如你也每天清洗一下内心的垃圾，那么你的心灵便会变得愉悦快乐了。

## 倒空了，才能装进东西

我们是否像一个注满水的杯子，容不下其他的东西，也不愿意接受他人的意见？学会把自己的意念先放下来，以虚心的态度倾听和接纳，你会发现大师就在眼前。

有句话说得好，聪明的人知道自己的愚昧，而愚昧的人则以为自己聪明。海纳百川，有容乃大。人只有虚怀若谷，才能知道自己的不足，看到别人的长处，才能善于吸纳，善于自我改进，才能领悟到人生的更高境界。否则，永远都只能生活在自我的狭小空间里，犹如坐井观天，其结果只能是被世界遗忘。

有这样一个故事，有个自以为是的人，去拜访一位大师，去请教如何修身养性。但是一开始，这个人就滔滔不绝地说话，大师在旁边一句话也说不上，于是只好不停地往他茶杯中加水，茶杯中的水已经满了，大师依然在继续加水，这人见了，急忙说："水已经满了，为什么还要继续倒呢？"这时大师看着他，徐徐说道："你就像这杯子，已经被自我装满了，如不先倒空自己，如何能悟道？"

检查一下你心中的那个杯子，是否也被自我装满了？不要学那个人，记住这位大师的话，先倒空自己，再去认真听取别人的意见。用谦逊的态度去聆听，你会听到不一样的声音。

## 成功只在你的岁月里，慢慢生出花

一分耕耘，一分收获，收获的是果实，也是希望；收获的地方，是终点也是起点。回头看看来时的路，是为了前方的路走得更好。

一年又过去了，岁月又往前推移了一年，这是你人生的第几个年头？无论年长年少，相信每个人心中都会有一些感悟，细细想来，你都有些什么收获？

拿出你的日记本，如果你平时没有记日记的习惯，那准备一个好的日记本，可不要随便找一张纸来应付，也不要随手拿来一个本子就用。

在执笔之前，打开你记忆的大门，让你的思绪回到年初，一月一月，一天一天往后推移，看看哪些事让你记忆深刻，为你的人生留下了永恒的记忆。相信总有这样一些事让你难忘，如果没有，那你的人生未免有些苍白，或许并不是没有，而是你不善于去记忆。所以，努力回忆一下，在日记本里记下这些事。如果你平时有记日记的习惯，那太好了，打开你的日记本，翻看每一篇日记，那里面一定记录着你生命中最重要的感悟。

总结一下，这一年中让你觉得最快乐的事情是什么？最痛苦的事情又是什么？对你的人生最重要的事情是什么？在这一年中，有没有什么事让你的生活发生了一些改变，并可能改变你的整个人生？

收获不仅仅是快乐，也包括痛苦，很多事在你的生命中发生都是为了让你成长，让你更懂得生活的本质，更清楚地明白你自己，一句话，是为了让你以后更好地生活。所以，无论你的生命里发生过什么，都不要怨天尤人，相信明天会更好！

## 心中有绿洲，你才不会漫游

人生渺渺，世事茫茫，何去何从，很难确定，原因是个人的力量有限，对人生的认识亦不够，对人生世界所发生的许多复杂问题实在不易解决。所以我们应有一个坚信的对象，那样面对现实社会我们会更理智、更有信心，不至于彷徨迷茫，不

越慢越美，越静越暖　　慢一点，静一点，才能发现幸福的全部细节知如何是好。

人生需要目标，需要主义，只要认定了那是值得你追求的，何必在意值还是不值。勿以成败论英雄，人生本是过程，结局从来就不是生命的尺度，因为没人知道那"后来的后来"究竟是什么，唯一可以确定的是"人固有一死"，浮萍之身全任流水，前方何处谁能左右，真正拥有的只是"当下"。"当下"有一个愿意为之献身的信仰，哪怕在下一刻就死去，此生足矣。

给自己一个目标，不必是众人都奉为圣明的某种崇高的理念或信条，只是为自己的生活找一个理由，为自己的精神找一个寄托。如果没有，那么不论在外人的眼中你是多么的"成功"，在我们自己的心中，永远都觉得自己就是那个可怜的失败者。给自己一个目标吧，为自己那乏味的生活找一个高尚的理由，然后好好地活着，做自己该做的事，因为这是活着的责任。

给自己一个目标，把它作为你的一种价值依托，使你能够在极度艰难的环境下依然坚忍不拔地走下去，点燃心中的希望之灯。当然，这个希望也是你自己定的，如同黑暗中的一盏明灯，为你指引前方的路。

## 用自己的方法活出热情

每个人都在用自己的方法活出热情,有些人等着自然的召唤;有些人承担着天降的大任;有些人没什么热情,只希望生活中有一两件刺激的事就足够了,那么生命只是一个逐渐衰退的过程;另一些人则喜欢无限的狂热激情,当他们追逐一个目标时,觉得自己全身都热情激烈。

首先我们要改变对蹦迪的看法。很多人认为蹦迪是年轻人的天地,或者又认为去那种场合的人都不太正经。其实不然,现在去蹦迪的人越来越多了,各种年龄层次的人都有,因为现在的人,工作和生活的压力都非常大,有机会放松一下,蹦迪是一个不错的选择。

迪厅是一个众人聚集的公共场所,生活中的一个舞台。在这个满世界男女老少都热衷于减肥的今天,舞蹈和蹦迪成了一些人健美和减肥的绝好途径,它让人们拥有了健美、挺拔、妖娆的身姿。

如果你是第一次去蹦迪,不要紧张,蹦迪其实很简单,关键是要踏准节拍，一般人都能听出一首乐曲中的节拍。如果你没有自信，可以事先找一些 R & B 的歌曲来听，很容易找到感觉。跳的时候，只要随着节拍踏出脚步就行了（俗称踩乐点、踩鼓点），开始时先一步一拍：一条腿略微抬起，同时支撑腿稍稍弯曲，接着将抬起的腿放下并轻蹬地板，顺势绷直双腿，此时正好一拍结束；然后交换成另一条腿重复上述动作，即完成第二拍的动作，依次反复，双手可以垂下或略微抬起，随节奏轻轻舞动。等熟悉节奏后，就可以随心所欲地即兴发挥了。如果实在感觉不行，就找一首节奏最明显的曲子，然后随着你听觉最明显的那一拍鼓点走路，依每一拍，一步步走下去。这就如同跳舞。

现在蹦迪没有什么固定动作，主要是即兴，目的就是放松。熟练后上半身及双臂还可以加一些（小幅度）动作。慢摇也是一样的，就两步，左右左右，轻轻随旋律挪动脚步，女孩的步伐完全是由男孩引领的，相依相偎管他往哪个方向移动，只要别踩了他（她）的脚就行。

在高分贝的音乐里，灯光变幻莫测，光影环飞横曳；在迷离虚幻的烟雾中，犹如置身在虚拟的世界；种种堆积的烦恼在那一刻宣泄。那种淋漓酣畅的释放后的轻松，有种说不出的惬意舒爽。

去蹦迪吧,你会爱上它的纯粹,爱上它的忘我,爱上它的粗犷,爱上它的淋漓酣畅。

## 生活因新奇而非凡

不要每天都千篇一律地做着同样的事,那样会让你觉得生活乏味又无趣,甚至会有一种厌烦的情绪。做一些新奇好玩的事,给生活制造一点新鲜的元素,让我们每天都能精神焕发。生活因为有了这些灵动的色彩而精彩非凡。

秋天的叶子五颜六色,特别美,而且树叶已经开始慢慢往下落,找一片树林,最好是树种比较繁多的林子,这样你可以收集到各种各样的树叶。

不要像扫落叶一样,一把一把地乱抓,制作书签的树叶要有讲究,一定要完好无缺,而且要表面平整。所以,你应该一片一片认真地捡起来,放在事先准备好的塑料袋里。塑料袋也要选择小型平整的,把收集到的树叶一片贴着一片整齐放在塑料袋里。每种树叶最好能多收集几片,因为你不能保证收集的树叶每一片都能制作成功。

回到家后,检查收集回来的树叶,选一些完好无损的漂亮叶子，把它们放在水盆里，清洗一下，再把它们拿出来，用卫生纸把它们擦干。然后，在每片叶子两面垫上几层厚厚的卫生纸，用书压上。等到傍晚的时候，再换上干燥的卫生纸，等完全干了，把叶子拿出来。

还有另外一种方法，把树叶和碱块放在一起煮，叶子煮好后，取出，用细毛刷将表面的颜色轻轻刮掉，这样就只剩下透明的一片叶子了，将其放在通风处（阳光不要太充足）晾干就好了。

第一步工作做好后，下面的工作就是美化了，用彩色荧光笔在叶子上画上图案或写上格言，这时候你可以发挥你的想象力了，最好能画上一些能激励自己的图案，或写上励志类的格言或诗词。

美化工作完成后,最后在叶柄上系上一根彩线,这样一枚叶片书签就制作成功了。也许你不满足一枚书签,那么把上面的程序再重复,制作出各种不同的漂亮书签,把它们当作礼物送给朋友也不错。

图书在版编目（CIP）数据

越慢越美，越静越暖：慢一点，静一点，才能发现幸福的全部细节 / 连山编著． —北京：中国华侨出版社，2018.3（2024.6 重印）
ISBN 978-7-5113-7364-9

Ⅰ.①越… Ⅱ.①连… Ⅲ.①幸福—通俗读物 Ⅳ.①B82-49

中国版本图书馆 CIP 数据核字（2018）第 017349 号

**越慢越美，越静越暖：慢一点，静一点，才能发现幸福的全部细节**

编　　著：连　山
责任编辑：刘晓燕
封面设计：冬　凡
美术编辑：盛小云
图片提供：东方 IC
经　　销：新华书店
开　　本：880mm×1230mm　1/32 开　印张：8　字数：220 千字
印　　刷：三河市燕春印务有限公司
版　　次：2018 年 4 月第 1 版
印　　次：2024 年 6 月第 8 次印刷
书　　号：ISBN 978-7-5113-7364-9
定　　价：36.00 元

中国华侨出版社　北京市朝阳区西坝河东里 77 号楼底商 5 号　邮编：100028
发行部：（010）58815874　传　真：（010）58815857

如果发现印装质量问题，影响阅读，请与印刷厂联系调换。